华惠伦 王 慧 编著

奇妙的海兽

海洋高等生物探秘

MINGJIA KEXUEYAN

上海科学普及出版社

图书在版编目（CIP）数据

奇妙的海兽：海洋高等生物探秘 / 华惠伦，王慧编著 .
— 上海：上海科学普及出版社，2015.7 (2018.4重印)
（名家科学眼）
ISBN 978-7-5427-6456-0

Ⅰ. ①奇… Ⅱ. ①华… ②王… Ⅲ. ①水生动物–海洋生物–普及读物 Ⅳ. ①Q958.885.3-49

中国版本图书馆CIP数据核字（2015）第079051号

策　　划　胡名正
责任编辑　刘湘雯

名家科学眼

奇妙的海兽

——海洋高等生物探秘

华惠伦　王　慧　编著
上海科学普及出版社出版发行
（上海中山北路832号　邮政编码 200070）
http://www.pspsh.com

各地新华书店经销　北京市艺辉印刷有限公司印刷
开本 787mm × 1092mm　1/16　印张 8　字数 160 000
2015 年 8 月第 1 版　2018 年 4 月第 2 次印刷

ISBN 978-7-5427-6456-0　　定价：29.80 元

卷首语

你去过海边吗？眺望远处海天一色的美景，聆听此起彼伏的海浪拍击声。你可曾想过，在广袤的海平面之下，那片深邃的海水里，生活着许许多多的海兽。海兽与鱼儿的不同之处在于它们靠肺呼吸，用乳汁哺乳后代。海兽与鱼儿的相同之处在于有着流线型的矫健身躯，有着善于划水的有力尾鳍。海兽来自陆地，却走向大海。它们家族成员繁多，却因栖身于神秘的海洋世界而难以为人所识。

在这里，一群座头鲸正围在一起，喷出气泡，编织出气泡网，围剿猎物。

在那里，两只偶遇的海豚正发出独特的声音试图交谈。

在岸边，“美人鱼”儒艮怀抱幼崽，探出海面，凝神远观。

在极地海洋，一群头顶长角的一角鲸正在用自己的“长剑”比试，互不相让。

在温暖的热带海洋，一只头戴“黑帽”的僧海豹正用它灵活的大眼睛左顾右盼。

神秘的大海、多彩的海兽，作者将为你揭开它们的秘密。

目　录

与人亲近的海兽——海豚

最受人喜爱的海兽——海豹

形形色色的海兽们

海洋中的哺乳动物——海兽

陆地是哺乳动物的大本营，这里生活着人类、狮、熊、鹿、牛、兔等各种各样的哺乳动物，它们通称兽类，都能通过胎生繁育后代，也都使用乳汁哺育幼崽。除了陆地，海洋中也生活着数量庞大、形形色色的哺乳动物：鲸、海豚、海狮、海象、海豹等，它们被称做海兽。

与陆地上的哺乳动物一样，海兽产下幼崽，用乳汁悉心哺育，照料成长。

与陆地上的哺乳动物不同，海兽为了适应海洋中的环境，它们的外貌、身体构造、生理机能都发生了许多变化，它们的体型大多趋于流线型，这样可以减少游泳时的阻力。它们是恒温动物，不管生活在炎热的赤道附近还是在寒冷的极地海洋，体温都能保持稳定。它们虽然生活在水里，但还要时不时浮上水面换气，因为它们与人一样要用肺呼吸。

海兽由陆栖兽演化而来，它们的祖先和现今陆地上的哺乳动物有着千丝万缕的联系，它们是怎样一步步踏入海洋的？它们为什么与陆地上的哺乳动物分道扬镳？这些谜题正吸引着我们去探索。

海兽指哪些动物

世界上的所有动物，大致可以分为无脊椎动物和脊椎动物两大类。其中脊椎动物，又包括鱼类、两栖类、爬行类、鸟类和兽类。

兽类也称为哺乳动物，根据其栖息环境的不同，可分为陆栖兽和水栖兽。陆栖兽种类繁多，分布广泛，人们比较熟悉。水栖兽种类较少，除少数栖息在淡水中外，大部分生活在海洋里，因而有“海兽”之称。

各种海兽

海兽，又叫海栖哺乳动物或海洋哺乳动物。这类动物以茫茫大海为家，人们对它们的见闻有限，比较陌生。

目前已知的海兽有100多种，约占兽类总数的2.5%。按动物分类系统来说，海兽包括鲸目中的鲸和大多数豚，鳍足目（鳍脚目）中的海狮、海狗、海象和绝大多数海豹，海牛目中的所有种类，以及食肉目中的海獭。这里值得一提的是，在有的书中，把海兽的范畴扩大到鲸目和鳍足目的所有种类，这是欠妥的。

因为鲸目中有 5 种淡水豚并不生活在海洋里，它们是我国长江特产珍兽白鳍豚，分布在南美洲亚马孙河流域的拉河豚和亚河豚，以及栖居于印度和巴基斯坦的恒河豚、印河豚；鳍足目中，有一种海豹生活在俄罗斯的贝加尔湖淡水中，它的名称中还保留了“海豹”两字，其实应当将它称为“淡水海豹”或“贝加尔海豹”，并从海兽中除名。

鲸目中生活在海洋里的种类占海兽种类的大部分。究竟有几种，目前记载不一。据美国出版的专著《鲸类》中记述，全世界共有 76 种或更多一些鲸类动物；华东师范大学盛和林教授等在《哺乳动物学概论》一书中说，全世界共有 79 种鲸类动物；山东海洋学院陈万青教授认为，世界上的鲸类动物约有 90 种。

鲸类可分为两大类。一类口中没有牙齿，只有须，叫须鲸。它的种类很少，仅 10 种左右，一般个头十分巨大。其中有动物界体重冠军蓝鲸；有体短臂长、叫声美妙动听、动作滑稽的座头鲸；有头大体胖、行动缓慢的露脊鲸；有喜游近岸、疤痕满身的灰鲸；还有个头较小、嘴尖呈三角形的小须鲸。另一类口中长有牙齿而没有须，能发出超声波，有回声定位本领，叫齿鲸。它的种类比须鲸多得多，除抹香鲸是大个子外，其余种类的身体通常都较小。其中有凶猛可驯的虎鲸、神秘莫测的一角鲸、行迹迷人的白鲸以及聪明活泼的海豚。

鳍足目的种类共有 30 多种，包括 19 种海豹、14 种海狮（含海狗）和 1 种海象。海牛目共有 4 种，即 1 种儒艮和 3 种海牛。食肉目中只有海獭是属于海兽的。

生活在贝加尔湖中的“海”豹其实生活在淡水中。
图片作者：Per Harald Olsen

海兽对海洋生活的适应

在生物发展的30多亿年漫长历程中，有些动物不畏道路遥远坎坷，登上陆地，成为陆生动物的先驱；又有些动物不惧惊涛骇浪，重返海洋，变为海洋动物的新成员。海兽就是后者中的一例。

海兽从陆生到水生绝非一件易事，必须通过漫长的自然选择，逐渐获得对海洋环境的强大适应能力，其身体的外部形态、内部构造和生理机能等发生一系列的变化。

那么，海兽是怎样适应海洋生活的呢？

其一，身体外部形态上的适应。

据测定，海水的密度大约比空气大800倍，所以在海洋里活动要远比在空气中活动阻力大，以致所有海兽的整个体形演变成趋向于流线型。这种体型，大致是中间大，两头细，在游泳或潜水时可以大大地减小阻力。

鲸类中的成员都是体表光滑，没有毛，甚至后肢退化，外耳壳也消失；海牛和海象的体表仅有稀疏的刚毛，海豹和海狮的体表也仅有短而密的绒毛或稀疏的刚毛。这些特征有利于海兽在水中活动。

座头鲸的巨大尾鳍
图片作者：Widewitt at the German language Wikipedia

陆栖兽是靠四肢在地面上行走的，而海兽的附肢已演变成鳍状，适于在水中像鱼类那样划行游泳。鲸和海牛的尾部有一个水平的大尾鳍，可以推进身体前进。海狮游泳主要靠前肢，而海豹则主要靠后肢，它们的游姿仿佛飞燕展翅，十分优美。海獭的前肢用于摄食，而桨状的后肢和扁平的尾巴配合运动，可使身体在水中快速前进。

其二，身体内部构造上的适应。

海兽与陆栖兽一样，也是恒温动物，无论在表面水温近30℃的赤道，还是在0℃以下的极地海洋，都能保持体温相对稳定。动物皮肤散失热量的速度在海水中比在空气中快许多倍。海兽在冰冷刺骨的海洋里靠什么来保持体温不变呢？据科学家们研究发现，鲸类和海豹的皮下都有一层厚厚的脂肪，它是一种很好的绝缘体，可以防止身体热量辐射扩散，从而保持体温恒定。有人还做过这样一个试验：把海豹饲养在冷水池中，结果发现它们的皮肤温度只有1.7℃，而体内温度却有37.2℃，可见海豹皮下脂肪层保温作用之大！海狗和海獭的皮下脂肪层较薄，也有保温作用，但它们主要是依靠全身绒毛来维持体温恒定的。

海兽都有发达的大脑、灵敏的感觉和高效的通信能力，以适应复杂的海洋生活。大约在20世纪70年代时，科学家对人、猿、海豚的脑重与体重比率进行过比较测定，发现人的脑重占整个体重的2.1%，海豚的脑重占体重的1.17%，黑猩猩（一种猿）的脑重占体重的0.7%。如果从脑的绝对重量来说，人的脑重约为1 500克，黑猩猩的脑重不到500克，而一头成年海豚的脑重平均为1 600克，可见海豚占第一位。此外，科学家发现海豚和虎鲸的脑还有特别的功能，即在睡眠时，两个大脑半球可以轮流休息。当右侧的大脑半球处于抑制状态时，左侧的大脑半球却处于兴奋状态，每隔十多分钟交替一次。这样，海豚可以终日搏风击浪，不会疲乏，同时也有利于逃避敌害的偷袭。

人类具有很好的视觉和听觉，可是一到水里就大失其效，而海兽在昏暗的海洋世界里却能看得清、听得明。科学家曾对海豹的视觉、听觉作过较为详细的研究。海豹在海洋中的视力要比人类在陆地上的视力敏锐得多。正是凭借这种敏锐的目光，海豹才能够在海洋世界里觅取食物以维持生计。水下世界并不安静，一些海豹不时地发出“咔嗒”声，另一些海豹则会发出啭鸣声，而海象有时则会发出教堂钟铃般的“叮当”声。海豹辨析音响强度的能力要比人类高3倍，所以海豹可以通过发声和听声，在同类间进行广泛而高效

蓝鲸的呼吸孔，海兽需要到水面换气。

的联系。

早期，人们发现齿鲸类（尤其是海豚）能够发出超声波，有回声定位的能力。新近，美国科学家发现，饲养的海豹能发出超声波，准确定位回声，从而知道对方是食物还是障碍物，知道与对方的大致距离。

其三，生理机能上的适应。

鱼类和海兽虽然都是水生动物，但前者以鳃在水中呼吸，后者则与陆栖兽、人类一样用肺呼吸，所以必须不时地将头部露出水面，从空气中获得氧气并排出二氧化碳废气，否则就会窒息而死。

不穿戴潜水服的人类，一旦进入水中，只能待上非常短暂的时间，非得赶快露出水面呼吸不可。令人惊奇的是，海兽却可以在水下待上较长的时间，有的种类甚至潜水很深，潜水时间更长。这里究竟有什么诀窍呢？据海洋生物科学家们的长期探索，原来海兽有一套潜水生理学上的适应机制。

一般来说，海兽的肺容量较大，可以贮存较多的空气，便于在水下待上较长的时间。在潜水时，海兽的肌肉运动也需要一定的氧气。就海豹而言，其中一半氧气是贮存在肌球蛋白中，它是一种色素蛋白，功能类似于血红蛋白，从而使海豹的肌肉呈现黑色。另外，海兽在潜水时停止呼吸。为了深水潜行，它们还停止或减慢次要器官的血液循环以保存足够的氧气，同时降低心率，心率常可慢至露出水面时的10%。

有的海兽还有节约热量的生理现象。例如，海象有一层大约6厘米厚的皮肤，在陆上时动脉血管舒张，血液流动加快，所以看上去是棕红色的，可是一进入冰冷的白令海中，动脉血管马上收缩，限制血液流动，皮肤的颜色变成灰白，判若两种动物。其实，这是一种极好的节约热量的方法。假使海象在海洋里血管不收缩，血液流动迅速，机体的宝贵热量将会很快散逸到海洋之中，而海象也就会因耗尽热量而死去。

海象的皮肤在陆地上是棕红色的。

海兽的祖先

早期的生物进化理论，认为生物是从简单到复杂、从低等到高等、从水生到陆生发展的。而今天的生物进化理论，似乎已不提“从水生到陆生”这一点了。因为目前学术界基本公认，海兽是由陆栖兽演化而来的。至于海兽是由什么样的动物演变而来的，目前仍众说不一，莫衷一是。分析其原因，主要是由于直接的证据——化石材料太少了。不过有一点趋于一致：所有海兽不是来自一个共同的祖先。

一、鲸类的祖先是谁?

上海自然博物馆古生物学家谢万明研究员在《生物的进化》一书中提出：“鲸类是在白垩纪（1.37 亿 ~ 0.67 亿年前）末期从古食虫类分化出来的一支。”也有一些学者认为，鲸类中的齿鲸与须鲸有不同的祖先，前者的祖先是像猪那样的哺乳动物，而现代须鲸的祖先则是与鸭嘴兽相近的动物。不少学者根据齿鲸和须鲸的细胞染色体数目相同这一点，认为两者有一个共同祖先，即有蹄类。

不久前，新西兰奥塔戈大学古生物学家尤旺·福代斯在国际科学家合作编著的《鲸类》一书中，根据生物化学、遗传学研究，认为鲸类的祖先是陆生有蹄哺乳动物。通过化石记录揭示，这种哺乳动物是生活在5000 万年前，具有 5 个爪状蹄的一种似狼形哺乳动物，属于中兽类。

中兽类是原始陆生有蹄哺乳动物的一个科，分布于北美洲、欧洲和亚洲。它们的个头不一，小如一只狗，大像一只熊。其中狼形哺乳动物生活在海洋边缘周围，具有简单的牙齿，既能在陆地上捕食较大的肉食动物，又能到浅水处捉鱼吃。后来，它们向东伸展，从现今的地中海至印度，过着水陆两栖生活，习性上颇似水獭或海豹，用四肢在海洋周围移动，逐渐演变成为早期

中兽类中狼形哺乳动物

的鲸类。如果说，像灰鲸那样大家伙的祖先是中兽类中的小者——狼形哺乳动物的话，那真是“小祖宗”变成了“大后代”。

二、鳍足类的祖先是谁？

谢万明研究员提出，鳍足类动物，如现代海狮、海豹、海象等，是在4000多万年前从古肉食兽分化出来的。

另外一些学者认为，在3000万～2500万年前，有一类与狼及狮子相似的陆生哺乳动物进入大海，以后演变成现代的鳍足类。它们分化为两个分支：一支发展成为有耳壳的海狮类，包括海狗、北海狮和海象等，它们都有鳍状前肢和蹼状后肢，能在陆上行走；另一支的祖先类似于水獭，发展成为今天的海豹类，它们具有鳍状的前、后肢，但后肢不能朝前弯曲，所以不能在陆地上真正行走。

三、海牛类的祖先是谁？

从埃及、澳大利亚、意大利、印度等地的始新世（6000万～3700万年前）地层中发掘出的化石表明，在大致与鲸类起源相同的时代里，有一类与现代象是近亲的动物，移居到海滨和河口的沙洲上来，它们逐渐演变为现代的海牛和儒艮。因此，今天海牛类的吻部与极度缩短的象鼻十分相似。海牛类与鲸类一样都不能离开水，终生栖居于海洋里，后肢已经消失，都有一个水平尾鳍。这是两类海兽由于长期共处于一个相同的生活环境而形成的趋同现象。

四、海獭的祖先是谁？

海獭是肉食兽中唯一生活在海洋里的种类。现代肉食兽由古肉食兽（如牛鬣兽）演变而来，古肉食兽是些力气小、跑得也不快的小动物。在6000万年前的始新世，一些古肉食兽以生活在森林中的原始有蹄类为食。原始有蹄类有的力小体弱，如始祖马；有的体型虽大，可是笨拙，如冠齿兽。古肉食兽对付这些捕食对象，还是比较容易的。

牛鬣兽

但是，随着地球历史的演变，许多原始有蹄类由森林转入草原生活，并且体形或体力越来越大，跑的速度也越来越快。这时，肉食兽如果毫无进化，就有挨饿死亡的危险。自然环境逼迫古肉食兽也要发展自己，就这样，凶悍齿利的肉食兽也就发展起来了。其中一支肉食兽向水环境方向发展，多数栖息于河流、湖泊等淡水里，唯独海獭成了海洋“居民”。

海洋巨兽——鲸

说起鲸鱼，你的眼前有没有出现一座漂浮在水面上的巨大山峰？这是鲸鱼给人们留下的惯有印象。在童话里、诗歌里，鲸鱼常代表着巨大和威严。其实，自然界里的鲸鱼可不是模样划一、体型单一的，它们有的个体巨大、充满威严，有的个头小巧，外貌奇特。

鲸类家族中既有长相笨拙、与人友好的鲸类家族老祖宗灰鲸。也有比恐龙还巨大，当之无愧的动物之王蓝鲸。还有善于编曲唱歌，能用优美的姿势跳跃翻滚的座头鲸。更有那些深受人们喜爱的，长相如同卡通明星一样的白鲸；头部巨大、牙齿尖利、下颚细小的怪模样齿鲸；头顶尖角、生活在寒冷冰海的一角鲸。

它们有的喜欢群居，一起出动相互配合来捕食。有的喜爱独居，只需张开巨口，就能吞食数量巨大的磷虾果腹。有的凶猛无比，能跟大王乌贼恶斗。有的性情温顺，喜爱玩耍。

随着人类对自然界的开发，鲸鱼的领地被不断侵占，甚至为了满足某些人类的需要而被大肆捕杀，鲸鱼的数量正在急剧减少，这些海洋巨兽急需人类更多的了解和保护。

爱接近人的灰鲸

原始鲸种

新西兰奥塔戈大学古生物学家尤旺·福代斯，在国际科学家合作编著的《鲸类》一书中提出：外貌笨拙的灰鲸是鲸类中的原始种类，因为人们发现了十多万年以前的灰鲸化石。

灰鲸又叫克鲸、腹沟鲸，具有一个粗糙不雅的头部和细长弓形的嘴巴，躯体凹处和吻部有少量可见的毛。体长在 13.7 ~ 15.2 米之间，体重可达 33 吨，雌鲸比雄鲸略大，具有较大的头部。全身灰色、暗灰色或蓝灰色。口内每侧有黄白色鲸须 140 ~ 180 片，腹部有 2 ~ 4 条纵沟。它虽然没有背鳍，但也露出背脊，并可见到尾部背面有 7 ~ 15 个小的驼峰状隆起。两个喷水孔位于吻部最高处的后方，喷出来的雾柱矮而粗，彼此靠近，如果从侧面看去，好像仅是一条雾柱。

灰鲸的头很大，尾巴却很小。

人和灰鲸的比例
图片作者：Chris huh

迁距最长

早期有人发现灰鲸也分布于北大西洋，而今天这种鲸仅生活在太平洋，它们沿着海岸线从阿拉斯加到墨西哥的下加利福尼亚海区，迁移距离可长达 1.0 万 ~ 2.2 万千米，在哺乳动物中可算是迁移距离最长的种类了。灰鲸在夏季出现在北太平洋，晚秋才沿海岸向南迁移。其中西太平洋种群沿朝鲜海岸迁移，而东太平洋种群则沿加利福尼亚海岸迁移。

灰鲸在南迁的越冬地区，选择于环礁湖和平静的浅海岸产仔，每胎一仔，初生仔鲸体长 4 ~ 5 米，出生 9 个月后断奶，5 ~ 7 年性成熟，那时雄鲸体长为 11 米，而雌鲸则稍大，体长可达 11.5 米。关于灰鲸的食性，过去记载主要以浮游甲壳动物、鲱鱼卵和群游鱼为食，也吃海胆、海星、海螺、蟹、虾等，而后来据海洋生物学家研究，由于灰鲸捕食受到北极圈海床地形的影响，它们在底泥处像耕犁那样寻找食物，以底栖甲壳动物中端足类（如钩虾、跳虾）为食。

并非凶残

我国的黄海和南海也有灰鲸出没。据我国早期捕鲸队观察，灰鲸具有强烈的眷恋性。如果雌鲸被捕，雄鲸会依依不舍，久久不肯离去；如果仔鲸受伤，雄鲸和母鲸会奋起救助。美国捕鲸者也认为，捕猎灰鲸并不容易，尤其是正在哺乳期的母鲸，它们会发了疯似的拼命护着幼鲸，毫不留情地咬伤或咬死落水的船员。捕鲸者虽然都觉得鲸是不好对付的海兽，但是唯一令他们真正害怕的只有灰鲸，所以他们称灰鲸是“魔鬼鱼”、“杀人鲸”。

美国加利福尼亚的一些渔民，也十分害怕灰鲸。每当灰鲸在此度过它们的哺乳期时，渔民们都尽可能地远离这些庞然大物，因为据说任何一艘胆敢靠近灰鲸的船，都会被灰鲸那威力无比的尾巴打碎。当地有一个名叫莫雷尔的渔民，在海上已经捕了 16 年的鱼，从未听说过有人碰到灰鲸后能活着回来，所以他说：“灰鲸十分凶猛，会咬人害人。”

可是，海洋生物学家却认为鲸类动物（包括灰鲸在内）对人类较为友好，它们虽然个头很大，但不会像少数鲨鱼那样咬人吃人。至于灰鲸在哺乳期内伤害人类甚至顶翻船只，那主要是因为人类去捕捉和杀害它们，才激起它们示威反抗。保护亲属，这是动物的本能，不能说是凶残。

一场虚惊

灰鲸头部
图片作者：José Eugenio Gómez Rodríguez

加利福尼亚的马格达莱纳海湾，是灰鲸越冬的理想之地。通常，每年 11 月至来年的 4 月，许多灰鲸到这里度过它们的哺乳期。

1972 年 1 月的一个早晨，渔民莫雷尔和他的同伴佩雷一起到马格达莱纳海湾捕鱼，当时这个小海湾里有数百头灰鲸在游动。他俩顺着海潮用力划着渔船，无意中朝前一看，一个硕大的脑袋在船前出现，是一头正向他们游来的灰鲸！此刻，莫雷尔吓得心惊肉跳，佩雷也吓得面无人色。两人双膝跪倒，向上帝祈祷，祈求上帝显灵，保住他们的性命。可是完全出乎他们的意料，灰鲸非但毫无行凶的迹象，而且显出想和他们玩耍的行为——在木制渔船两侧游来游去，一会儿潜入水中一会儿又浮出水面，还不时地用头轻轻地碰碰渔船。这样大约持续了一个小时，莫雷尔的好奇战胜了害怕，他站了起来，甚至想用手去摸摸它，但他毕竟没敢这样做。可能是他们对灰鲸的成见太深了，对灰鲸向人寻欢没有作出积极反应，所以过不太久，灰鲸就潜水游走了。

与人友好

1976 年 1 月，一艘科学考察船在马格达莱纳海湾抛锚观察灰鲸的活动情况。正当考察人员从船上放下橡皮筏子想上岸时，一头幼年的灰鲸游了过来，于是人们都涌到船边，以便看得更清楚。最后甚至有人伸出手摸摸这头大约 7 吨重的小灰鲸，它显出一副十分乐意的样子。第二天，又来了好多头灰鲸。在以后的一个月里，有更多的灰鲸游来和人玩耍。这一消息传开以后，不少科学家都来马格达莱纳小岛观察灰鲸，渔民们也不再畏惧灰鲸了，同灰鲸嬉戏的人自然增加了许多。

灰鲸不仅让人抚摸身体，而且肯与人贴贴脸，人们与灰鲸交上了朋友，灰鲸很快博得“友好”的名声。

那么，灰鲸为什么爱接近人呢？一些科学家认为灰鲸像海豚一样对人友好。圣地亚哥的灰鲸专家吉米说：“说不定这种在人们心目中‘臭名昭著的怪物’，早就有心和人友好相处，只是一直不被人们接受而已。”另一些科学家认为灰鲸对人类有好奇心，当它们对人表示好奇时，得到的回报是友好的抚摸，所以它们会一而再地主动接触人。除上述两种解释外，或许还有另外的解释。不管哪一种解释对，但有一点事实可以肯定：在人类与灰鲸的友好关系上，迈出第一步的是灰鲸，而不是人类。

灰鲸浮上水面。

动物之王——蓝鲸

古今最大动物

蓝鲸体型细长，个头庞大。

茫茫大海，波涛汹涌，白浪滔天。在那辽阔的洋面上，常常浮现出一座座黑黝黝的“小山”，时而又消失得无影无踪。这庞然大物究竟是谁？它就是自古至今世界上最大、最重的动物——蓝鲸！

蓝鲸属于须鲸类，外形有点像剃刀，所以又名“剃刀鲸”、“蓝长须鲸”。那么，蓝鲸究竟有多大、多重呢？

自有记录以来，人们捕到的最大的鲸是一头雌性蓝鲸，体长达 34.6 米，重约 170 吨，相当于 25 头大象或 150 头牛的重量。用载重量为 4 吨的卡车拉这头蓝鲸，需要 43 辆。人们对成年蓝鲸还做过内部测量，数字也十分惊人：一根舌头就有 3 米多厚、近 4 吨重；把它的肠子拉直，足有 250 米长；一个心脏有半吨重，脏壁有 60 多厘米厚，血液总量达 8 ~ 9 吨；体内某些血管，粗得足以容纳一个儿童；阴茎有 3 米多长，睾丸则重达 45 千克。

蓝鲸虽然个头大得惊人，但是它有着流线型的鲸状身体，因而能在水中载沉载浮、时进时退，显得非常自在。一头蓝鲸以每小时 28 千米的速度前进，可以产生 1 250 千瓦的功率，相当于一个中型火车头的拉力。曾有一头蓝鲸把一艘 27

蓝鲸和人的对比
图片作者：Kurzon

米多长的捕鲸快艇拖着游动了 8 个半小时，平均时速为 9 千米多，当时那艘快艇是开足马力向后退行，却仍被它拉着向前行驶了 74 千米。在动物世界里，蓝鲸真是绝无仅有的大力士！

巨鲸吃小动物

有人猜想蓝鲸一定生性凶猛，张开血盆大口，吞舟食兽，贪婪异常。其实蓝鲸性情温顺，爱吃个儿很小的浮游动物，特别嗜食体长只有几厘米的磷虾。它的嘴巴里不长牙齿，只在上腭两侧生有两排板状须，就像筛子一样。此外，它的肚子里还有很多皱褶，像手风琴的风箱一样，能伸能缩。这样，蓝鲸在海洋里吃东西就十分方便了：可以撑开肚皮，张开巨口，这时海水和浮游动物就一齐鱼贯而入，大有百川汇口之势；然后嘴巴一闭，海水从须缝里排出，滤下的小动物，便可吞而食之。

美国曾组织一支有 15 人的蓝鲸考察队，在蓝鲸的出没地——白令海的圣劳伦斯海湾考察。这个海湾与撒盖南河相通，河中淡水充满着丰富的有机质，水质肥沃促进了浮游生物的大量繁殖，从而引来了以浮游生物为食的成群结队的磷虾。磷虾是须鲸的主要食物，必然会引来或多或少的蓝鲸，所以圣劳伦斯海湾便成了蓝鲸最理想的“餐厅”。

一个凌晨，天还未亮，海湾风平浪静，充气船里的考察队员正在酣睡，突然被一阵响亮的溅水声惊跳起来，一头巨大的蓝鲸正朝他们冲来。因为鲸在暗处，而充气船上有一盏闪光信号灯，他们预见鲸不会冲撞过来。果然，这头巨鲸游至离充气船大约 5 米处便转弯了。当时，水下收听器已经能够收听到蓝鲸发出的声音，有经验的考察队员从中知道蓝鲸正在捕食，于是立即放下拖网到 21 米深处，然后慢慢地拉起，到快接近水面时，发现网眼里全是闪烁着钻蓝色的“宝石”，大家惊奇极了。当拖网拉到船中

磷虾是蓝鲸最喜欢的食物。

时，仔细一看，原来都是发光的磷虾——蓝鲸的食物。

蓝鲸的胃口极大，每头成年鲸一餐就要鲸吞一吨磷虾，一天要吃 4 ~ 5 吨。有人担心，蓝鲸等须鲸胃口那么巨大，海洋里的磷虾被吃完后怎么办？考察队员认为，这种磷虾代表着海洋里的次级生产力，数量极多，基础雄厚，在磷虾稠密的海区，如圣劳伦斯海湾，轮船驶过都击不起浪花。巨鲸正是巧妙地利用了海洋里的巨大生产力，才得以维持其巨大的消耗。

母壮仔肥

博物馆中巨大的蓝鲸骨架标本
图片作者：D.Gordon E.Robertson

海兽都是胎生的，蓝鲸也不例外。成年雌雄鲸在海洋里经过交配，雌鲸怀胎一年后，于晚秋季节，在汹涌的波涛中产仔。刚生下的仔鲸，自己不会露出水面呼吸，多是母鲸轻轻地将它托出海面，让它吸入平生第一口空气，否则它就会窒息溺死。如果仔鲸是个死胎，母鲸就会一直托住它的背部，真至仔鲸的躯体腐烂为止。

刚出世的仔鲸长 7 米左右，重 7 吨上下。在直升机上，美国蓝鲸考察队对母鲸喂乳作了详细的观察：一头仔鲸总是紧跟在母鲸后下方游泳，其实它是在吃奶。母鲸生殖孔的两侧有一对乳头，借助于肌肉的收缩，能把乳汁直接喷入仔鲸的口中。因为仔鲸与陆地上的仔兽不同，没有能动的唇，不会自动吸奶。母鲸用营养丰富的乳汁哺育仔鲸，每天大约要喂一吨奶水，使它快速生长。在哺乳期间，仔鲸的体长平均每天增长 4 厘米，体重平均每天增长近 100 千克。仔鲸断奶时，体长已达 16 米，体重近 23 吨。大约到 8 ~ 10 岁，幼鲸就完全成熟，并可以生儿育女了。根据鲸耳膜内每年积存蜡质的多少，可以判断出鲸的年龄。蓝鲸的寿命较长，一般在 50 岁以上，最长寿命可超过 100 岁。

蓝鲸新知

性喜单独活动

蓝鲸究竟是成群活动还是独栖或双栖？这个问题，长期以来是个谜。虽然有人曾在墨西哥的下加利福尼亚海区见到过蓝鲸以50 ~ 60头结群活动，但是美国蓝鲸考察队在圣劳伦斯海湾上空，用直升机作仔细观察，发现这种巨鲸大都是独栖或双栖，极少三栖，不像虎鲸那样成群游泳、猎食，也不像海豚那样成大群活动。

蓝鲸母子
图片作者：Andreas Tille

蔚为壮观的“雾柱”

蓝鲸没有鼻壳，鼻孔长在头顶上。据美国蓝鲸考察队的实际测定，蓝鲸每隔10 ~ 15分钟才露出水面一次，平均呼吸6次。蓝鲸露出水面时，先将肺内的二氧化碳废气从鼻孔逐出体外，然后再吸气。当它的头部露出水面呼气时，从鼻孔喷出一股股灼热的二氧化碳废气，伴有一阵响亮的尖叫声，仿佛小火车的汽笛声。强有力的气流冲出鼻孔时，高度可达10米左右，并把附近的海水也一起卷出水面，于是碧蓝的海面上便出现了一股壮观的白色雾柱，颇似节日的焰火，又像缕缕喷泉，这就是人们平时所说的

蓝鲸喷出的雾柱

“鲸鱼喷潮”。

对人友善

蓝鲸对人是友善的。

蓝鲸尾跃出水面。
图片作者：“Mike” Michael L.Baird

一天中午，美国蓝鲸考察队员们关上充气船的马达，正在进午餐，忽然传来了一阵强烈的吹气声。他们转眼一望，一头大约 23 米长的蓝鲸向充气船冲来。大约游到离船 10 米远处，突然它将头部钻入水中，翘起像充气船的长度那么阔的鲸尾，尾尖稍擦了一下充气船。

蓝鲸跃尾以后，就迅速潜入水中。大约过了 10 多分钟，它再次露出了海面，充气船急忙向它靠近。考察队员们认真观察它的外形和动作，并作了记录。而蓝鲸见了人毫不在乎，还与充气船并肩前进了很长一段路程。

救救蓝鲸

巨大的蓝鲸头盖骨
图片作者：Sklmsta

科学家作过估计：半个世纪以前，蓝鲸大约还有 30 万头之多，到了 1974 年，全世界海洋中生存的蓝鲸只有 25 000 头，今天剩下的可能只有 2 000 头了。因此，广大世界自然资源保护者们吁吁：2 000 头蓝鲸太少了，赶快救救这种世界上最大最重的动物！目前，蓝鲸已受到国际捕鲸委员会和环境保护团体的保护，中国已将它列为二级保护动物，有些国家也严禁捕杀蓝鲸。

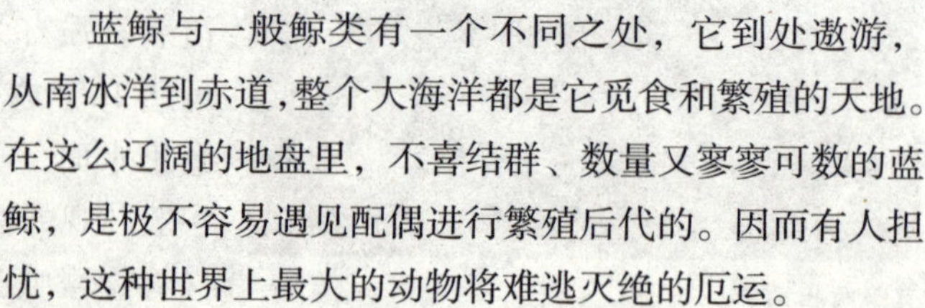

蓝鲸与一般鲸类有一个不同之处，它到处遨游，从南冰洋到赤道，整个大海洋都是它觅食和繁殖的天地。在这么辽阔的地盘里，不喜结群、数量又寥寥可数的蓝鲸，是极不容易遇见配偶进行繁殖后代的。因而有人担忧，这种世界上最大的动物将难逃灭绝的厄运。

与众不同的座头鲸

外貌奇异

座头鲸的外貌奇特、胸部鳍状肢窄薄而狭长。

在鲸类王国里，座头鲸可谓是一种地地道道的奇鲸了。这种鲸，不仅外貌奇异、行踪神秘，而且智力出众、“歌声”悦耳、听觉敏锐，难怪海洋生物学家、音乐家、摄影师等都对它产生浓厚的兴趣。

座头鲸分布于太平洋、大西洋及其他各海洋，包括我国台湾省海区及黄海北部。它的身躯虽没有世界上最大的动物——蓝鲸那样大，但最大者也有15米长、50吨重！它长相、行为奇妙，赢得种种美称：由于它的背部不像一般鲸那样平直，而是向上弓起，故又名“弓背鲸”或“驼背鲸”；背鳍很短小，胸部鳍状肢窄薄而狭长，呈鸟翼状，所以又叫“巨臂鲸”、“大翼鲸”；它的叫声不仅美妙动听，而且能变化创新，因而生物学家称赞它为海洋世界里最杰出的“歌星”；它性喜跳跃和翻滚，且姿势优美动人，一些游海赏鲸者赞誉它为“巨鲸演员”……

要在苍茫碧海里一眼识别鲸的种类，是一件不太容易的事情。在美国野生动物摄影师丹·麦克斯威尼收集的大量鲸类生态照片档案里，有摄自北太平洋的500多张座头鲸照片，这些座头鲸至少代表了这个地区座头鲸种群的1/4。分析这些照片资料，发现它们个体之间虽有微小的差异，但是有三个与其他鲸类明显不同的共有特征：一是鲸尾叶腹面颜色雪白；二是鳍状肢特别长；三是背部黑色，鳍状肢前面腹部具有许多显眼的纵形肉指。因而，只要座

座头鲸腹部雪白。
插图：Whit Welles Wwelles14

头鲸跃出水面，人们就可以认出来了。

至今还是个谜

科学家们在考察中，或者游客们在观赏时，常常会发现座头鲸在水面上下，各自以自己特有的鳍状肢或宽阔的鲸尾叶去拍打同伙，或者彼此触体跳跃，这究竟是什么原因引起的，目前主要有以下几种解释：

第一种解释认为，座头鲸的拍打和跳跃行为，多出现在它们的繁殖交配季节里，这时候，成年的座头鲸，特别是雄鲸，情绪激动，十分活跃，“拍打和跳跃”是它们的一种发情。

第二种解释认为，随着人们接触座头鲸的机会增加，高速舷外发动机发出的声音，以及中等大小船只的逼近，船只与座头鲸的距离仅为21 ~ 42米，会激怒座头鲸，因此拍打和跳跃行为是座头鲸发脾气时产生的。

第三种解释认为，幼小的座头鲸也常常在一起做激浪嬉戏，互相拍打跳跃，其情景同小狗或孩子们共同狂热地玩耍相似，这纯属动物的天性爱好。

“柱网”捕食法

座头鲸除了吞食鲱鱼、毛鳞鱼、玉筋鱼和其他鱼类外，主要吃华丽磷虾。华丽磷虾是南极磷虾的亲属，体长小于38厘米，数量巨大，常常数百万只群集一起。

目前，人们应用一种声音扫描仪，可以确定华丽磷虾和鱼类的所在位置和它们的数量，从而跟踪座头鲸的行动。当座头鲸潜入这些猎物群时，人们可以判断它们的下降距离和消耗猎物的数量。当猎物数量稀少时，座头鲸常常以单个或2 ~ 3头小群觅食；反之，猎物数量增多时，它们便形成较大的群来猎取。

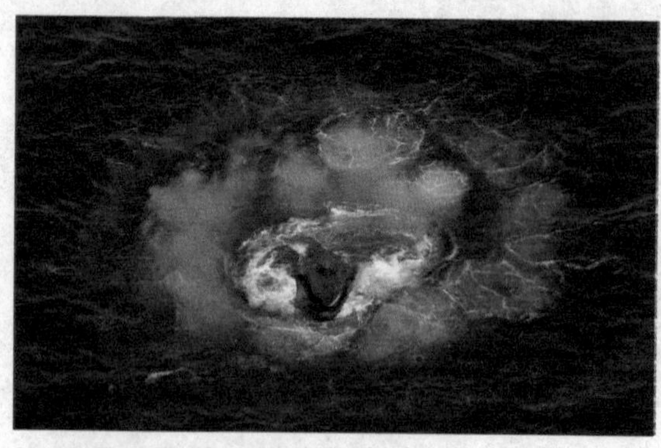
座头鲸的“柱网”捕食法

座头鲸的捕食，与蓝鲸、露脊鲸、灰鲸等其他须鲸相似。座头鲸张开大口，可形成大于90度的角，特殊的弹性韧带能够使下腭暂时脱落，口的横径可达到4.6米，能够一口鲸吞大量磷虾或较小的鱼类。由于它的食道直径与身躯相比显得太小，因而不能吞下大到一个人的食物，这就是人们常说的“巨鲸吃小动物”的原因所在。

在座头鲸的多种捕食技能里，要算“柱网”捕食法最高明了。这一绝招是被科学家不久前才观察到的。一头座头鲸在水中发现猎物群时，会放出许多大小不等的气泡。气泡上升，形成一种圆柱形或管形的气泡网，把猎物紧紧地包围起来。通常，当水泡在水面出现后30秒钟内，座头鲸突然从网的中央出现，张开大口，吞下网集的猎物。

护卫与攻击

一般情况下，一头雌座头鲸同一头幼座头鲸在一起时，还有第三头座头鲸护卫。科学家在夏威夷群岛海域考察时，发现护卫鲸几乎都是成年的雄鲸，它的任务是对入侵的其他鲸或小船进行猛烈的反击。可是遇上凶恶而狡猾的虎鲸时，护卫鲸就无能为力了。

过去，许多人认为须鲸没有牙齿，比齿鲸性情温和，不会相互格斗，更不会袭击人。其实并不如此，多尔芬等鲸类学家常常目睹座头鲸之间的格斗场面：它们用特长的鳍状肢，或者强有力的鲸尾叶去猛击对手，甚至用头部去顶撞另一头鲸，往往造成皮肉破裂，流出鲜血。当然这种格斗，并不像陆地上一些野兽那样斗得“你死我活”。

列入世界濒危动物

夏天过去，到了8月下旬，在寒冷的阿拉斯加海域，太阳光照的时间缩短，座头鲸得不到很好休息，觅食也减少，集合成大群，显得有些慌张。到了9月中下旬，大多数的座头鲸开始它们的长途南下迁移。可能是星星、磁感或低于声频的暗示为它们导航，于是横越漫长的4 800千米水路，来到热带夏威夷水域。就在这个地方，座头鲸与其他巨鲸一样，曾在18 ~ 20世纪期间遭到人类的大量捕杀，数量猛减。

直到1966年前夕，由于科学家们发出“救救座头鲸”的大声疾呼，国际捕鲸委员会才颁布了禁猎座头鲸的法令。1970年，国际自然资源和自然保护联合会，把座头鲸列入世界濒危动物名单内。1972年以来，美国对座头鲸进行完全保护。在我国，座头鲸已列为二级保护动物。

海洋里的“歌星”——座头鲸

神秘的歌手

人们航行在茫茫的海洋世界里，往往可以听到一种神秘莫测的奇妙歌声——古希腊史诗《奥德赛》中充分渲染的迷人的“海妖之歌”。歌手是谁？现在，秘密已经揭穿，歌手就是座头鲸，它们的歌声早已录制成唱片，可供人们欣赏。美国著名鲸类学家罗杰斯·佩恩（Rogers Penn）和他的妻子凯蒂(Kety)，研究鲸歌已达十多年之久。

《奥德赛》中，海妖之歌会迷惑航行中的水手。

一个傍晚，佩恩夫妇坐在一只小帆船的尾部，从大西洋百慕大群岛的一个小岛，向东北方向赶往大约相距 56 千米的目的地。到了预定的目的地以后，佩恩急忙把一对水听器放入海中，打开扩音机，通过耳机，聚精会神地开始探听海洋里那种神秘莫测的歌声。

座头鲸探出水面。
图片作者：Rainer J.Wagner

他们被一种广阔、快乐的合唱声包围着。歌声从海洋里倾吐出来，洋溢于海面上，整个海洋好似一座欢乐的宫殿大厅，充满着鲸叫声的雷鸣般的反响，隆隆的巨声，既重复又强烈，汇集成一曲辉煌的海洋交响乐，这就是动物世界中的巨大海兽——座头鲸发出来的最响亮的歌声！

佩恩和凯蒂顿时感到万分兴奋，整整一夜，他们认真地用水听器记录了座头鲸之歌，然后再用电子计算机加以分析，发现座头鲸的歌声由“象鼾”、“悲叹”、“呻吟”、“颤抖”、“长吼”、“嘁嘁喳喳”、“叫喊”等18种不同的声音组成。其叫声节奏分明，抑扬顿挫，交替反复，彼此融合成优美的旋律，每首歌持续的时间一般可长达6～30分钟。如果把录音加快到14倍速度播放，歌声婉转，就像百鸟朝凤，精彩纷呈。所以，1977年夏天，美国将座头鲸的歌声同古典和现代音乐、联合国60个成员国代表用55种不同语言说的话录进同一张唱片里，可见它们的歌声身价之高！1981年5月，英国《新科学家》杂志报道，座头鲸不仅会歌唱，而且所唱的曲调是动物世界里最复杂的歌，是真正的“乐曲”。座头鲸是动物世界中最出色的歌手。

唱不同的歌

佩恩把历年录下的座头鲸歌声加以分析比较，发现它们每年都换唱新歌，两个连续年份的曲调相差不大，都是在上一年的基础上逐年增添新的内容。座头鲸在唱新歌的时候，音节的速度要比老歌来得快，往往是取其头尾，省略中间部分，就像英语的连读中把“do not”读成“don't”，很像人类语言的进化过程。

佩恩夫妇也分析了生活在夏威夷群岛海域的座头鲸的歌声，将它与百慕大海域的座头鲸的歌声加以比较，发现在同一年内，不同海域里的座头鲸，其歌声虽然不同，而乐曲的结构和变化规律是相同的。例如，每一支歌都有6个顺序相同的旋律，每一乐句包括2～5个音节。佩恩夫妇还认为，夏威夷海域与百慕大海域的座头鲸是不可能互相接触的，而两地座头鲸能唱出互有差异的歌声，这说明它们的歌声是各自遗传给自己的后代的，与人类中的方言颇为相似。

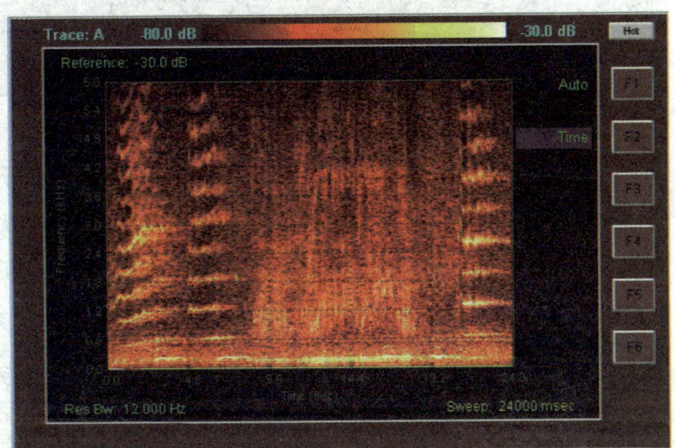

座头鲸的声谱图
图片作者：Spyrogumas

佩恩夫妇曾对座头鲸跟踪观察6个月，做了大量的水下录音和摄影，发现这种鲸每年洄游之后返回夏威夷的毛伊岛时，先是唱去年的歌，然后才逐渐变化，只有繁殖期间的歌曲没有变化。这一现象说明，座头鲸的智力能记忆一首歌中所有复杂的声音以及它们的顺序，并储存记忆达6个月之久，作为将来唱新歌的基础。这也是评价鲸的智慧的一条途径。

根据佩恩夫妇的研究，认为歌手常常是未配对的雄性恋鲸，它唱的可能是寻求配偶的“情歌”。因为座头鲸的听觉十分敏锐，加之雄鲸歌声洪亮动听，雌鲸可在几十千米外闻歌而来，彼此“成亲”交配，繁殖后代。而且，开始往往是雄鲸单独咏唱，遇上雌鲸，雄鲸的歌唱就会停止，显得活跃起来。

奇怪的听众

也许有朝一日，人类能用音乐和座头鲸沟通。

美国著名演奏家保罗·温特尔(Paolo Weintal)偶然从录音中听到了座头鲸美妙的歌声，被深深地吸引住了。

他在座头鲸歌声的启示下，组成了一个专为海兽演奏的乐队。

温特尔乐队在一只漂游着的小船上，用萨克斯管、双簧管、英国号、吉他、低音提琴和打击乐器等尽心竭力地演奏时，终于引来了“听众”。这些听众，不是海上的游客，而是一群又一群的座头鲸。根据同往的一位海洋生物学家说，这些座头鲸正在做一年一度从寒冷的阿拉斯加到夏威夷群岛温暖水域的长途旅行，现在听到了这场乐队演奏，它们才中途停了下来，欣赏倾听呢！

更令人兴奋的是，当温特尔乐队开始演奏座头鲸的录音歌声时，这些座头鲸不仅会进一步向乐队游近，而且同船的海洋生物学家通过水听器还能听到它们的歌唱。一旦乐队变换演奏曲子，它们的歌声也会随之出现一些变化。这些变化，就是它们模仿和响应乐队的演奏声。

我国的其他 5 种须鲸

据记载，出现于我国海域中的须鲸共有 8 种，除上述灰鲸、蓝鲸和座头鲸以外，还有黑露脊鲸、长须鲸、小须鲸、大须鲸和长褶沟大须鲸。这 8 种须鲸都被列为国家二级保护动物。

头上长黑瘤的黑露脊鲸

黑露脊鲸的头上长有角质瘤，最大的瘤位于上颌前端，所以又名“瘤头鲸”。黑露脊鲸的个头比灰鲸大，体长在 15 ~ 18 米之间，重约 60 ~ 70 吨。体色蓝黑或黑色，口内每侧有鲸须约 230 片，没有背鳍，而尾鳍较宽。每分钟呼吸 2 ~ 3 次，两个喷气孔各喷出一条雾柱，高 4 ~ 6 米，水柱下落如伞状。食性很窄，几乎只食浮游桡足类（如各种水蚤）动物，也吃一点浮游甲壳动物和小型软体动物。因为它的咽宽不大，不能吃大鱼。

由于黑露脊鲸的肉可食，皮可制革，脂肪可作工业原料，鲸须可制工艺品，鲸脑油可制精密仪器润滑油，骨可制肥料，内脏、内分泌腺可供食用或提取激素等，加上它个头巨大，性情温顺，所以常遭大量捕杀。这种巨鲸今天已属于稀有种，受到国际条约的保护。

全世界共有 3 种露脊鲸，我国仅有一种黑露脊鲸。

体重亚军——长须鲸

长须鲸是仅次于蓝鲸的第二大动物。这种巨鲸，一般体长在 20 米左右，重约 50 吨，最大者体长可达 27 米，体重有 95 吨，堪称动物世界里的体重亚军。

长须鲸的身体呈纺锤形，较细长。从背面看，头的前部呈楔形，两侧边不平行，在身体后背部形成较高的背脊。它有背鳍，高达 50 ~ 70 厘米，在须鲸类中是最高的，呈三角形，其后缘有一个凹痕。一般体色呈背部青灰，腹部纯白。这种鲸的最主要的外部特征，是体色（特别是头部色调）不对称，以此可与相似的其他须鲸区别开来。它的喉胸部有 68 ~ 114 条褶沟，褶沟延达脐部。口中每侧有暗色鲸须约 350 片，其中有许多角质板部分或整板呈白色，有时略带黄色。

长须鲸的头部呈楔形。

长须鲸广泛分布在世界各大洋，我国见于南海、东海和黄海，多单个或 2 ~ 3 头一起游动。如果是成对的，常是雌雄鲸或母仔鲸。在进食时，长须鲸游速较慢，每小时大约只有 3 ~ 4 海里；但变换栖息场所时，游速可增加到每小时 12 ~ 14 海里。平时呼吸一次约 3 ~ 5 回，其间它先作较浅潜水，然后出水待肺内吸满新鲜空气时，即拱起背部进行最后一次呼吸，随即向下进行深潜水，此时人们可看见露出水面的头肩部、背鳍和两次出现尾鳍，停留在水下时间为 4 ~ 15 分钟，最长时间估计能达 30 分钟。长须鲸在呼吸时，喷出的雾柱比较细长，像一个倒置的圆锥形，高度与蓝鲸的雾柱相接近，天气晴朗时数海里外也可见到。主要以小型甲壳动物和小鱼为食，捕食方式与蓝鲸基本相似，但食量稍少。

据南极鲸类资源消长数统计，原有长须鲸约 40 万头，现在只有约 9 万头。

最小的须鲸——小须鲸

小须鲸个头小巧。

小须鲸又叫小鳁鲸、尖头鲸、明克鲸，是须鲸类中最小的一种。一般体长约 6 ~ 9 米，不超过 10 米，体重为 4.8 ~ 10 吨。背部暗灰色或褐灰略带青色，腹面白色。它的外貌颇似长须鲸，但体形比较粗短。有背鳍，胸鳍有一宽阔白带。喉胸部有 50 ~ 70 条褶沟。口中两侧各有鲸须约 300 片。头部有毛，上颌两侧各有4～5根，鼻孔旁也有2～3根，下颌两侧各有6～8根。吻部尖呈三角形，故得名“尖吻鲸”。

小须鲸常喜单独或2～3头一起游行，很少见到20～30头的大群。常以头垂直露出水面呼吸，需连续出入水面3～5回，然后做持续3～5分钟的潜水。它在进行深潜时，尾鳍并不露出水面，有时可看到它弓起背部在水面跳跃，喷出高1～2米的稀薄雾柱。

小须鲸也广泛分布于世界各大洋，我国多见于黄海和渤海，以小虾、小鱼等为食。

大须鲸与长褶沟大须鲸

大须鲸，又叫鳁鲸、鳕鲸和黑板须鲸，个头比长须鲸小，体长约15～16米，体形细长，背鳍较高呈三角形，往后倾斜。背部黑色，腹部白色，交界线是波状或云状的，过渡区呈灰色。口中每侧有鲸须300～400片，须板黑色，故名“黑板须鲸”。呼吸时喷出的雾柱没有长须鲸高，只有3～5米，但形状与长须鲸相似。这种鲸也见于我国沿海，游速很快，以桡足类、甲壳类及各种小鱼为食。

长褶沟大须鲸，又叫布鲸、鳀鲸、拟大须鲸，体长可达14.8米，体形较粗。背部黑色，腹部白色。它的褶沟有45条左右，而且很长，可以达到脐，因而得名“长褶沟大须鲸”。此鲸也见于我国沿海，性喜群游，以小型甲壳动物、乌贼、秋刀鱼等为食。呼吸时，喷出雾柱不高。潜水时，尾鳍并不高翘露出水面。

白鲸一家的悲欢

“路戈西”丧偶

白鲸有的脸非常可爱。
图片作者：Premier.gov.ru

在举世闻名的加拿大温哥华水族馆里，最引人注目的是来自北极的“白鲸一家”，在它们居住的水池旁，从早到晚围满了观众。

有一天，一头雄鲸被送到温哥华水族馆。水族馆里几乎所有的工作人员都出来迎接这个高贵的“客人”。人们给它起名为“路戈西”。路戈西外貌出众，身体有4米多长，胖胖的身体，白白的皮肤，圆圆的额部高高凸起，头的两边各长着一个大大的“瘤子”，八字形的嘴，一对小眼睛炯炯有神。从正面看它的脑袋，活像个老寿星。

路戈西的妻子名叫“贝拉”。这头雌鲸比路戈西晚来一些时候。尽管路戈西和贝拉夫妇没有后代，但它们一直相亲相爱，从未见它们争吵过。

然而，不幸的事情发生了。贝拉因病去世，路戈西为此伤心极了。它独守一池，变得十分孤独、冷漠，毫无生气。它几乎整天昏睡，很少游动。水族馆的工作人员对此感到万分焦急，担心它会因过分悲伤而死去。

喜迎新客

过了不久，水族馆获悉有人在加拿大哈得逊湾丘吉尔河口用网捕到两条白鲸。他们立即派人前往，用喷气式飞机把这两条白鲸运到温哥华，与路戈西同养在一个水池里。经水族馆的动物学家鉴定，这两条白鲸都是雌鲸。

人们给刚捕来的那头成年雌鲸起名为“凯维娜”，另一头年幼的雌鲸被命名为“塞纳”。它们都长得很美，尤其是凯维娜，体态苗条，脸部动人，白白的皮肤上无一点瑕疵。

开始几天，这两位新客表现出郁郁寡欢的样子，大约 10 天后，它们和路戈西渐渐地熟悉起来。新伴侣的到来，给路戈西增添了欢乐。它非常喜欢这两个伙伴，很快就恢复了原来的活跃情绪。

凯维娜有喜了

凯维娜的胃口很好，每天要吃 8 千克多的鲱鱼、乌贼和鲐鱼，它的身体越来越肥胖。水族馆的工作人员担心它太胖了会影响体形美，每天给它减少一千克食物。

白鲸是水族馆里的“明星”。
图片作者：Stan Shebs

然而不久，人们发现凯维娜的腰围增大得特别快，经检查原来它怀孕了。白鲸怀孕是水族馆的一件大喜事。为保母仔平安，水族馆工作人员急忙查阅关于白鲸生殖和鲸类产仔的有关资料，同时向其他水族馆电话询问这方面的知识。

在许多的文献资料中，只有一次人工饲养白鲸的分娩记录，而且仔鲸产下 38 天就死了；另一项记录是一头人工饲养的雌虎鲸产仔后自己只活了 16 天，仔鲸就成了孤儿。

水族馆全体工作人员密切地注视和关心着凯维娜的一举一动，以使它的胎儿能够发育良好。

仔鲸出世

据文献记载，白鲸的怀孕期为 13 ~ 15 个月，产仔期在 6 月末到 8 月中旬，产下的幼仔体长大约 1.2 ~ 1.8 米，体重可达 45 ~ 68 千克，哺乳期一般为 20 个月。凯维娜将在 6 ~ 8 月间产仔，这就意味着孩子不是路戈西的，因为按时间推算，凯维娜在海里时就有孕了。

为了迎接凯维娜产仔的大喜事，水族馆里的工作人员每天在薄暮前把池里的水下灯打开，使凯维娜对延长光照周期能够适应，以便于拍摄白鲸产仔的十分难得的镜头。同时，他们将几只高级磁带录音机和水下传音器放在适当的位置，准备记录白鲸产仔时的叫声。

凯维娜肛门两侧的乳腺丰满起来了，左右两只乳头胀起。它每天的食量增加到 13.5 千克，体躯异常膨大，左侧略微凹凸不平。又过了几天，它的乳房增大似奶牛的乳房，尾部经常上下移动，肛门扩张到 10 多厘米大，并出现强烈的腹部弯曲。

人们密切地注视着池内情况。突然，白鲸“婴儿”的头部出来了！几秒钟之内，一头小白鲸安然落生。小家伙摇着头，张开了嘴巴。此时，只见母鲸的乳房收缩，将乳汁喷射到仔鲸口中，并且托起仔鲸露出水面做第一次呼吸。

母子情深

水族馆的海洋动物学家检查了仔鲸以后，风趣地向大家说：“是一个男孩。”馆长给这头小白鲸取名为“图魁”，爱斯基摩语的意思是“只有一个”。

白鲸母子

图片作者：http://www.flickr.com/photos/iwona_kellie/

刚生下的仔鲸，除母鲸给它定时喂奶外，几乎终日紧贴在妈妈的背部，在池内缓慢地游动。仔鲸吃奶很多，长得也很快。凯维娜很喜欢自己的儿子，常常用一只眼斜视着它。有时图魁在水面垂直立着，路戈西和塞纳会游过去亲热地吻吻它的尾突和胸鳍。

图魁生下四个星期后，开始学习它妈妈的一些行为。它常常将自己的腹部贴在池底适当的位置，这与凯维娜的休息姿势完全相同。当凯维娜搔痒背部时，图魁也照样做。

这对白鲸母子的眷恋性很强，它们总是一起游泳。小图魁常常闭着眼睛，用面颊部贴在母亲的肋腹部休息，还常常高兴地抱住它妈妈的背脊或胸鳍戏耍。最令人惊讶的是，鲸类竟然也会怀抱儿女哩！水族馆的白鲸管理员曾看到凯维娜用宽大的胸鳍怀抱着图魁。

图魁生病

10个星期后，一位鲸类训练人员发现图魁出现蛇形和曲背动作，它的呼吸声较平常急促。

一次，一位护理人员发现路戈西把图魁推到了池子的一侧。他怀疑图魁的反常现象是路戈西欺负它引起的，于是，将路戈西移居到另一个水池里。可是几天后，图魁仍未恢复正常。人们对它进行体格检查，并从它的尾部抽出血样急送医院化验。

经过两次血样检查后，兽医发现图魁的血液受到细菌感染，于是又给它注射了一系列抗生素，但未能见效，图魁的病情继续恶化，最终还是死了。

仔鲸死了以后

为了弄清图魁的死因，水族馆组织了一个由三位病理学家和两位兽医参加的研究小组。通过尸体解剖，发现图魁体内有大量脓肿。经切片检查，确定引起死亡的是一种微生物。这种微生物以青饲料为传染源，使以草为食的鱼和鸟带上这种微生物。看来图魁得病，是用鱼喂成年鲸时，将这种微生物带入水池内，或者是鸟儿飞过水池上空时，将嘴里衔的带有此微生物的植物落在水池里了。

图魁虽然病死了，但它为水族馆提供了鲸类生殖、产仔和死因等宝贵的科学资料，这对今后养殖鲸类是十分有益的。

揭开白鲸度假的秘密

暑假开始

据估计，目前大约有50 000头白鲸生活在北美洲的北极和亚北极地区。

每年7月，冰雪融化，数千头白鲸开始上游到它们最喜爱的度假地——海湾、河口、三角洲和河流。到8月20日以后，它们结束暑假，又纷纷返回海洋准备过冬。

据加拿大北极地区生物学站的部分统计：在纳尔逊河口度假的白鲸大约有4 000头，在丘吉尔河口有1 000头，在塞尔河口有1 500头，在马更些河三角洲地区有4 000 ~ 5000头，在马更些塞特岛的克里斯威尔海湾大约有4000头，在萨默塞特岛北部的克宁哈姆河口有1 000 ~ 1500头。这么多的白鲸聚集在有限的地区度假，引起了科学家们和自然资源保护论者的忧虑和担心，因为这样它们更容易受到人们的捕杀。

白鲸的大小和重量差别很大，它们的种群在不同地区是分离的。在俄罗斯，最大的个体生活在鄂霍次克海，一头雄白鲸体长可达到6.3米；最小的个体是白海白鲸，雄性只有3.9米长。在北美洲，最大的白鲸有1 814千克重。生活在哈得孙湾的白鲸，只有590千克，是白鲸中的小个子。

“微笑”的白鲸
图片作者：Steve Snodgrass

白鲸群的数量悬殊，少的只有几头，多的超过10 000头。少数白鲸有离群漫游癖，一头白鲸曾独自上游到黑龙江的入海口，共游了1 600多千米。1932年，人们发现一头幼白鲸竟独自游入英国苏格兰的福斯河。在所有流浪白鲸中，最出名的要数游至严重污染的莱茵河的一头白鲸了。那是1966

年，这头白鲸悠然游到杜塞尔多夫、科隆和波恩，数万人在海滨和小船上观赏它。它在莱茵河度过了足足一个月的假期，成为欧洲轰动一时的特大新闻。

健谈的白鲸

白鲸能发出几百种声音，水手们称它为“海中金丝雀”，在鲸类王国里它荣获“最健谈的鲸”称号。

科学家在白鲸度假期间发现，这种鲸能够进行远距离通信联络。“谈话”的次数十分频繁，这可能也是白鲸在假期中的一大乐趣呢！

十几年前的一个明亮的北极夜晚，一大两小的三头白鲸在涨潮时游到一个没入水中的砾石坝处，又随着潮水进入了一个平原。因为它们行动不快，在没有返回深水之前，潮水已经退落了，砾石坝露出坝脊，挡住了它们的去路。这时候，三头白鲸急得发疯，竭力划动鳍肢，扭动着身体，做徒劳的挣扎。它们不断地发出尖锐、呻吟、颤抖的求救声。那些在深河水道附近的白鲸听到求救声，齐声回答，但因潮水退落，无法游去搭救这三头受难的伙伴。

万幸的是，生物站的科学家们发现了这三头白鲸搁浅蒙难，急忙前去抢救。通常，白鲸见到人会吓得惊慌而逃，此刻它们已无能为力，只是微微地抖动着身躯。人们不停地用水洒浇白鲸敏感的皮肤和眼睛，直到潮水再次上涨。科学家们看着三头白鲸迅速地朝着深河水道附近的伙伴们游去，还听到一片激动的白鲸“谈话”声……

萨默塞特岛北岸的克宁哈姆河三角洲，是生物学家考察和研究白鲸的主要场所。在这里，度假的白鲸绝大多数不停地“谈话”，而且声音变化之复杂，令人惊讶。科学家们把白鲸的声音比拟为：猛兽的吼声、人的磨牙声、猪的呼噜声、汽船的“啪嗒”声、女人的尖叫声、牛的“哞哞”声、病人的鼾声、鸟儿的“吱吱”声……这些白鲸发出来的不同声音，

白鲸
图片作者：Stan Shebs

是加拿大生物学家基思·海于 1974 年首次记录下来的。

最近，基思·海在克宁哈姆河三角洲研究白鲸的声音时，又有许多新发现：铰链声、铃声、马嘶声、婴孩哭泣声……他说，白鲸还会打嗝，会发出“嘁嘁”、“呱呱”、“哼哼”、“咪咪”和“哇啦哇啦”等声音。除了所有这些喧嚷声外，白鲸也能产生“咔嗒”和“呼”、“咻”声，这显然是为了回声定位。

理想的蜕皮和育幼所

蜕皮，也是白鲸度假中的一大乐趣。

到了仲夏，北极地海洋域里的水温仍在冰点以下，而白鲸度假场所的水温却出人意料的温暖。融化的冰水，从宽广的海台经过太阳光晒暖的土壤和岩石，流向河流。据测定，白鲸度假水域的水温可达 8℃ ~ 18℃。这正是白鲸浴身、蜕皮、育幼的理想之地。

据科学家和捕鲸人员目击，许多白鲸刚游至度假场所时，外貌和体色十分肮脏，浑身覆盖着寄生虫，看上去，它们好像很不舒服，痒极了。一些白鲸潜入河底，人们从水听器中可以听到“咔嗒”、“噼啪”的摩擦石子声；另一些白鲸喜欢在三角洲浅水滩的沙砾和砾石上擦痒。人们可以看到它们不停地翻滚躯体，每次可长达几个小时。这样，经过几天的摩擦，白鲸身上的老皮肤全部蜕掉，换上了整洁的奶白色新皮肤，既美观又舒适。

1980 年，加拿大生物学家 K.H. 芬利看到一群白鲸上游到魁北克的穆卡里克河。这里河水混浊，无法观察到它们的蜕皮活动，但是当它们从河底浮出水面时，芬利发现它们的皮肤变得光滑而洁白了，这说明它们已蜕皮了。一位捕鲸者对芬利说：“蜕皮是白鲸到温暖河水里的一个目的，也是一种享受。据说，白鲸蜕下的皮与蛇皮一样，可治病强身。我就吃过白鲸蜕下的皮。”

哈得逊湾中成群的白鲸
图片作者：Ansgar Walk

度假场所的温暖水域，有利于白鲸幼仔的生长。白鲸在晚春交配，怀孕期为 14 个月，大多数仔鲸出生在七八月份，正值白鲸的度假期。刚出世的仔鲸. 立即被它的妈妈或“阿姨”推出水面呼吸。这时仔鲸脂肪层只有 2.5 厘米厚，保暖抗寒能力极差，无法顶住北极海域的寒冷，只有在温暖的度假场所才能生长发育。仔鲸还未满月，就跟随着母鲸游泳，还常常在母鲸宽阔的背脊上戏耍和休息，好像一架小型的航天飞机停在庞大的“波音 747”之上。母鲸的奶水很足，丰富的乳汁直接喷入仔鲸钝而小的嘴巴里，所以仔鲸长得很快。等到假期结束，它们的脂肪层已变得厚厚的，足以抵御北极地海洋域的寒冷了。

玩乐与贪食

娱乐，也是白鲸度假中的一个主要活动内容。

进克宁哈姆河要经过一个 6 米高的铝制塔，塔顶上有一个小观察室。科学家在这里可以观察到成群的白鲸来来往往。因为海、河之间是一条狭窄的水道，白鲸群只好排成长队游入。聪明的领头白鲸，眼见铝制塔挡住了它们直通的去路，于是转向塔的侧面，并用小小的、暗色的眼睛不满地斜看高塔。待在观察室的科学家俯视着这浩浩荡荡的白鲸队伍，观察着每一头白鲸；而白鲸也灵敏地发现了人，抬头、屈颈仰望着他们。白鲸的脊椎骨是柔韧而可弯曲的，不像大多数鲸那样并合和强直。此刻，人与鲸之间似乎交流着一种特殊的情感。

白鲸群游入克宁哈姆河时，真是兴奋极了。它们虽然已旅行了很长时间，可是一点也不感觉累，许多白鲸用自己宽阔的鲸尾叶突踩水，将上半身露出水面，姿态美极了，目击者无不抢拍下这难得的镜头。

白鲸，不仅彼此之间尽情地玩乐，而且还会用石头、海草戏耍。一头雄白鲸玩着一条长长的海藻叶片，潜水，浮升，其他的白鲸发觉后，立即向它冲游过去，并夺取这一玩物，发出一片“吱吱”声。最后，玩物被它们扯撕成碎片，那头雄鲸发出“呼噜呼噜”的责骂声。另一头白鲸，在一块盆子般大小的石头周围，慢慢地游行了几个小时，接着将石头衔在嘴里，时而将石头顶在头上，时而头部露出水面踩水。这一绝招，恐怕连杂技演员也自愧不如。还有一种表演，虽然十分精彩，但有着伤心的由来。科学家们在考察中偶尔发现，一些白鲸用背脊或者头部携带着浮木在水中游行。原来，它们都是刚失去仔鲸的母鲸，在悲痛之中，只好用一块木板或者一根木头来代替它们死去的幼仔。

在度假场所里，白鲸除了玩乐以外，还要尽情地吃。在鲸类王国中，白鲸是最不挑剔食物的。它们从水面到水底，凡是能得到的食物都吃，蠕虫、双壳类、甲壳类、杜父鱼、鲽鱼、鲑鱼、红点鲑、鳕鱼……有记录可查的白鲸食物就有 100 多种，其中北极鳕鱼是它们的主要食物。据研究，一头成年白鲸每天要吃 27 ~ 45 千克食物。白鲸在度假前肚子空空，假期生活结束时，它们的身体吃得滚圆，它们就准备启程到大海洋里过冬了。

谁是白鲸的敌害

北极熊偶尔也会捕食白鲸。
图片作者：Alan D.Wilson

白鲸只有两种自然敌害：虎鲸和北极熊。白鲸身体肥胖，行动迟缓，每小时只能游 13 千米多一点，而身躯健壮、行动迅速的虎鲸，每小时可游行 48 千米，所以能够轻易地追捕到白鲸。可是在白鲸度假期中，它们就不必担心虎鲸的袭击了，因为这里水浅，体躯硕大的虎鲸无法进入。北极熊主要以海豹为食，偶尔也会用冰丘作掩护来诱捕白鲸。

其实人类是白鲸的最大敌害。据 1819 年记载，兰开斯特和巴罗两个海峡，曾经是整个北极地区海兽最多的地方。北极熊从容轻松地横过浮冰，一群群海象挤作一团，巨大的北极露脊鲸在懒洋洋地游泳，独角鲸的长角浮现在水面，众多的白鲸在船只周围游动……当时捕鲸者的主要目标是巨大的北极露脊鲸。后来，这种鲸的数量变得十分稀少，捕鲸者便把目标转向了白鲸。1883 年，捕鲸者趁白鲸在兰开斯特海峡和巴芬湾度假之际，一下子捕杀了 2 736 头白鲸。1910 年，捕鲸者又在同一个地方杀死了 700 多头白鲸。因为捕鲸者从 6 ~ 7 头白鲸中可提炼出一吨鲸油。白鲸皮又是制带的良好材料。在英国，不到 0.5 千克鲸皮，可卖得一先令六便士，所以捕鲸者见了白鲸就眼睛发红，疯狂残杀。

终于，绝大多数鲸类在那里消失了，捕鲸者也走了。然而到了今天，鲸类又卷土重来，在兰开斯特海峡和巴罗海峡，有大约一万多头独角鲸和白鲸。令人欣慰的是，已经有越来越多的人认识到保护大自然的重要性。他们呼吁，应该让这些珍贵的动物与人类共存。

最大最怪的齿鲸

外貌怪行为奇

抹香鲸是最大的齿鲸，一般体长在14米左右，大者有20米长、60吨重，据说最大的雄鲸可达23米、体重近100吨。它的长相十分怪，头重尾轻，宛如巨大的蝌蚪，庞大的头部约占体长的1/4～1/3，整个头部仿佛是个大箱子。它的鼻孔也非常奇特，只有左鼻孔畅通，而且位于左前上方，右鼻孔堵塞，所以它呼吸时雾柱是以45°角向左前方喷出的。抹香鲸下颌又小又窄，上面生有圆锥形牙齿，足有20多厘米长，每侧有数十枚。上颌没有牙齿，只有被下颌的牙齿“刺出”的一个个的洞。这种海兽体背呈暗黑色，腹面银灰或白色。

搁浅在岸上的抹香鲸，它的下颌又小又窄。
图片作者：Julian Ilcheff Borissoff

抹香鲸喜欢结群活动，常结成五到十余头的小群，或者几十头甚至两三百头的大群，它的性情十分凶猛，其他动物一旦被它咬住了就很难脱身。

抹香鲸有时会长时间躺在海面上酣睡。在第二次世界大战时，一艘美国军舰在夜间航行时，突然觉得舰体受到强烈的震动，不少人误认为是触礁或碰上了水雷，纷纷准备跳水逃命。后来才发现，原来是军舰撞上了一头正在熟睡的抹香鲸，真是一场虚惊！抹香鲸一旦受到惊吓，例如听到了捕鲸炮响，成群的抹香鲸会把头凑在一起，摆成一个菊花形，尾鳍向外，“噼里啪啦”在水面拍个不停。其实，这一愚蠢行为对捕鲸者来说，倒是求之不得的。

同大王乌贼恶斗

抹香鲸以乌贼、章鱼和鱼类为食，特别喜欢吃深海的大王乌贼。大王乌贼个头很大，是最大的无脊椎动物，已知最大者有18米长、约1吨重，如果把它的身体放在地上，它的触腕可伸到六层楼高。据报道，在大洋深处还有30～40米长、几吨重的大王乌贼呢！抹香鲸要吃掉这么大的家伙不是一件容易的事，必须经过一番较长时间的恶斗。

抹香鲸皮肤上被大王乌贼攻击后留下的疤。

抹香鲸产于大西洋及太平洋，以赤道附近为最多；在我国则产于南海、黄海和东海。抹香鲸主要栖于南、北纬70°间的热带和亚热带的温暖海域内。

抹香鲸虽然凶猛，但不会主动攻击人。只有当它被炮箭击中而作垂死挣扎时，才会向捕鲸船猛撞。

著名的龙涎香

宋代文学家苏东坡在一首诗中提到："香似龙涎仍酽白，味为牛乳更全清。"可见古人已把龙涎香视为香中之极品了。这著名的龙涎香来自何处？原来，它是抹香鲸肠道里的异物。

抹香鲸主要吃大王乌贼、章鱼等头足类动物，这些动物口内有坚韧角质的腭和齿舌，不容易消化，抹香鲸吞食以后，肠道内受到了刺激，会分泌出特殊的异物——龙涎香。通常每块龙涎香不超过几千克，大的有60千克。据报道，1912年12月3日，一家挪威捕鲸公司在澳大利亚海域里捕到一头抹香鲸，从它的肠子中获得一块455千克重的龙涎香，当时在伦敦以23 000英镑（那时合111 780美元）巨价出售。

龙涎香
图片作者：Peter Kaminski

龙涎香为灰色或微黑色的蜡状物，本身无多大香味，燃烧时却香气四溢，酷似麝香，又比麝香更幽远，抹香鲸的名字也是由此而来的。

香精中加进极少量的龙涎香以后，不但能使香气变得柔和，而且留香特别持久，显得更加迷人。此外，龙涎香还是名贵的药材，具有化痰、散结、利气和活血等功能。

潜水冠军——抹香鲸

能潜 2200 米

不少海兽都是出色的潜水能手。海豚能潜入水下 300 米深处，在那儿待上 4 ~ 5 分钟；海狮可以潜入水下 427 米深处；威德尔海豹可潜入水下 570 ~ 600 米深处，持续时间长达 43 分钟之久；北极的象海豹可潜入水下 870 米深处；而抹香鲸的最大潜水深度达到 2 200 米，在水下足足可待上一个小时，是海兽中当之无愧的潜水冠军。

抹香鲸母子
图片作者：Gabriel Barathieu

1932 年，美洲巴拿马运河区与厄瓜多尔之间的海底电缆通信突然中断。经检查，原来肇事者是一头体重 45 吨的抹香鲸。它在水下 980 米深处被电缆缠住了下颌和前肢，奋力挣扎时把电缆的绝缘层弄破了，使电缆漏电造成了断路。葡萄牙首都里斯本附近的海底电缆，也曾缠住过一头抹香鲸，那里的深度有 2 200 米。

那么，抹香鲸为什么能够潜得如此深呢？这可能与它喜欢捕食深水大王乌贼的食性有关。抹香鲸为了获得这些美味佳肴，不得不经常潜入深海，这样天长日久，它便逐渐形成了对水下环境一种极为巧妙的适应。

不会得潜水病

我们知道，人在潜水时，水的深度每增加 10 米，其压力就会增加一个大气压。为了抵消这种压力，就得提供与水压相当的加压空气。可是气体的压力过高，人体就难以承受，所以，人不能潜得太深，在水下停留的时间也不宜太长。更重要的是，潜水员上浮时速度不能太快，否则压力骤降，血液中的氮气会形成许多气泡，使神经受压，造成麻痹和血管堵塞，严重时会致人窒息而死。这就是人们常说的潜水病。可是抹香鲸能在一分钟内下潜或上浮120米，却从来也不会患潜水病，这究竟是什么道理呢？

1940年，一位名叫斯科兰特(Scolant)的科学家提出了一个解释：抹香鲸在潜水时，肺部会随着外界压力的增大而收缩，因而肺泡便不再进行气体交换了。1969年，另一位科学家用海豚做试验，证实了斯科兰特的解释是正确的。到了20世纪90年代，科学家在研究海豹时又发现，它们的肺组织在深水压力的作用下会塌陷，肺泡内原有的空气就反流到气管，而气管内的氮气一般不会被血液所吸收，因而海豹和其他海兽不会得潜水病。

获氧的途径

抹香鲸在水下待的时间长、潜水深，它们所需要的氧气又从何而来呢？据海洋生物学家们研究，认为抹香鲸等鲸类是通过以下途径获取氧气的：

其一，抹香鲸的堵塞了的右鼻孔，虽然不能像左鼻孔那样内外畅通，但它的通道却形成了一个空气贮藏室，容量几乎和肺差不多，这就使抹香鲸的肺活量增大了1倍。

其二，在鲸类的肌肉中，肌红蛋白的呼吸色素特别多，如抹香鲸体重为陆栖兽的8～9倍，这样也大大增加了氧气的贮备量。

其三，鲸类（特别是抹香鲸）耐二氧化碳的能力特别强，这对于长时间潜水是十分有利的，无须经常露出水面排除二氧化碳。

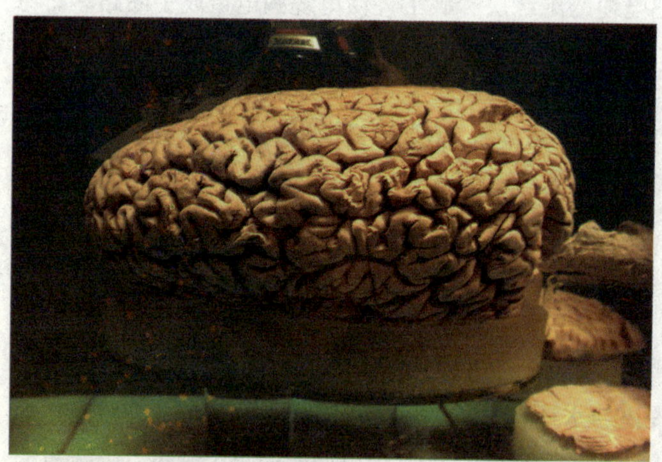
抹香鲸的大脑是世界上最大的，有人类的5倍大。
图片作者：Yohei Yamashita

其四，鲸类在潜水时，对肌肉和内脏器官的血液供应减少了，而脑和心脏的血液循环却始终保持正常。这样，既节省了氧气的消耗，又保证了重点。

此外，抹香鲸的游泳速度较快，平静时以每小时3～4海里的速度前进，在被追逐时每小时的游速可增至10多海里。

一角鲸的魅力

创造奇迹的“角”

对欧洲中世纪的公爵和有权势人士来说，毒药是一种主要的敌害。

当时，人们认为只有一种物质才能察觉和中和这些致命的毒，那就是今天人们所知道的一角鲸的“角”。近 1 000 年以来，有钱人和贵族们为了获得这种富有魅力的“角”，付出了大量财富。据说将这种“角”浸入有毒的食物和酒中，会使有毒物质的颜色变黑，并会发出“噗噗”之声，还能使毒效丧失。

数百年中，买者们认为创造奇迹的解毒药原出自独角兽，推测是模样似马的动物头上伸出的“角”。

其实，这种有魅力的“角”就是一角鲸的一枚畸形生长的大牙。

一角鲸真相

一角鲸，人们常常叫它冰鲸，因为它们总是跟随着由季节推进和退去的冰原。据估计，世界上一角鲸总数在 2.7 万 ~ 3.0 万头之间，其中一些生活在阿拉斯加和西伯利亚之间的楚科奇海中，其余在北冰洋和俄罗斯北部的海洋里被发现。有一个一角鲸群有几千头，生活在四周是冰的东格陵兰海区。最大的一角鲸群集中地在加拿大戴维斯海峡以及格陵兰和北极加拿大之间的巴芬海湾。

一角鲸与白鲸是近亲。

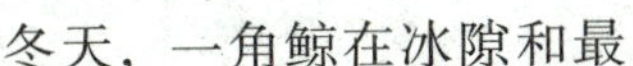

冬天，一角鲸在冰隙和最

北部不冻区度过。由于海洋的水流和大量不断上涌的水的冲击，那儿的不冻区一年四季不结冰。随着春天冰的退去，一角鲸跟随着冰游向北方。其中约有 1.9 万头向西朝兰开斯特海峡，以及一系列复杂的邻近海峡、海湾和加拿大北极群岛游去。

虎鲸是一角鲸的主要敌害，每年 6 月份在加拿大庞德因莱特等地，一角鲸为了逃避虎鲸，向陆地游来。

在科卢克图海湾这样偏僻的地方，甚至连夏天也经常是冰天雪地的，这对一角鲸来说反倒比较安全，所以它们在那些地方繁殖。雌鲸经过 15 个月的怀孕期，它们的仔鲸 7 月里就在那儿出世了。新生的幼一角鲸，大约只有 1.5 米长、67 千克重，体色呈深灰蓝色。随着仔鲸长大，它们的腹部体色变淡，先变成灰色，然后呈米色，最后变为闪光的白色。成年一角鲸的背都和侧面有深褐色和黑色的条纹和斑点。斑点在背部中央融合，所以看上去几乎是纯黑色。但是年老的一角鲸体色较暗淡。一角鲸有时能活到 30 岁。

成年雌一角鲸可以长到 4.5 米长，体重很少超过 746 千克；而成年雄性，身体巨大呈导弹形，体长可达到 5.2 米，只有一部分雄性的体重接近 1 500 千克。它们的头呈半圆形，嘴巴小，无表情，眼睛深褐色、斜眼形。

整个夏天，一角鲸在高纬度的北极海湾里进食，它们吃格陵兰星鲽、北极鳕、浮游虾和乌贼。随着秋天的到来，气温下降，冰包围了海湾和小港，一角鲸洄游到无冰冻的海洋。

长牙的秘密

事实上，一角鲸的长牙十分脆弱，它是一角鲸的标志。瑞典动物分类学家卡罗勒斯·林尼厄斯在1758年谈到一角鲸时，首先提出: 不管一角鲸是一牙还是一角，其实这种动物有两个牙，且都长在上颌上。

雌一角鲸也有 20 厘米长、手指那样粗的牙杆，不过隐于上颌而不见。当一头雄性幼鲸长到一岁时，左牙便刺破上唇向前翘出，最后长出一根长达 3 米、基部周长为 20 厘米、空心、螺旋形的长牙。它看上去好像是一个螺丝锥和比武长矛的杂交体，在自然界是独一无二的。

关于一角鲸长牙的用处，有多种假设或推测。

其一，长牙像一把利铲，可以翻掘海底泥沙，挑起它们最爱吃的食物，如比目鱼。

其二，当一角鲸进入冰冻的海域时，长牙作为一根冰凿，在头上方的大片冰上凿几个呼吸孔，进行呼吸。

其三，长牙与狮子的鬃毛或公鸡的鸡冠一样，是雄性一角鲸的第二性征，用来吸引异性。

一角鲸的长牙

其四，长牙既是防御性武器，又是攻击性武器。两头雄性一角鲸以角相争，发出一种奇特的“噼啪”声，有时甚至相互用长牙刺杀，许多雄性一角鲸的头上都留下伤疤。研究人员在一头雄性一角鲸的上颌上，还发现了另一头一角鲸的一段长牙尖端嵌在上面。

其五，加拿大生物声学家彼得·比米什提出，长牙是雄性一角鲸“声音角斗”的工具，它们把高强度的声音集中从空心的长牙中传到对手敏感的耳朵旁。通常，长牙长的一方在决战中容易取胜，因为它的牙前端距对方耳朵越近，就越容易使对方胆怯，甚至震聋对方的耳朵。

上述种种假设和推测，目前尚无法用实验证实。恐怕北极的一角鲸和非洲的直角大羚羊、亚洲的犀牛一样，它们的独角究竟有什么功能，一时还很难得出结论。

全身是宝

对加拿大因纽特人来说，一角鲸至今仍然十分重要。除了长牙以外，他们从鲸脂中提取油，用来点灯照明，这种油燃烧时的火焰光亮无烟，是加拿大因纽特人生活中不可缺少的物品之一。栗黑色的鲸肉是当地人和雪橇狗的食物。厚厚的、能发出“嘎吱嘎吱”声的一角鲸皮是一种精美的食物，吃起来像新鲜的榛子，它每盎司所含的维生素 C 比柠檬还高。一角鲸腱做成的线特别坚固，用它可缝制靴子、衣服以及因纽特人用的皮船。它的皮湿时不延伸，冻时可保持柔软、坚韧，是捕鲸绳和狗拉车缰绳的理想材料。

一角鲸的长牙特别有用。在无树的地方，长牙可代替木材。1818 年，当英国探险家约翰·罗斯意外地遇见北极加拿大因纽特人时，发现他们的雪橇滑行部分和手柄都是用一角鲸的长牙做成的。

事实上，几百年来，是这种长牙使人们对这个世界产生了想象力。1 000年前，斯堪的纳维亚人在格陵兰岛上安家落户后，成了贪婪捕猎一角鲸的猎手。一角鲸的“角”在欧洲出售。当然，他们不会泄露这种“角”实际上是鲸的长牙。

一角鲸的牙被因纽特人用来制作长矛。
图片作者：geni

据说，神圣罗马帝国的查尔斯五世，给了贝伦思侯爵两只独角兽的“角”，才了结一批巨大的债务。当后来成为王后的卡特琳·德·麦地西斯在16世纪中期嫁给法国王太子时，她的叔叔波普·克莱门斯七世赠给她的公公一只独角兽的头饰。

据说，这种奇妙的“角”不仅能察觉和破坏毒素，而且还能治愈从疟疾到瘟疫的各种疾病。苏联科学家曾将“角”进行剖析，并把它能中和毒的功能归因于有钙盐的存在。15世纪一个药商广告介绍，他们的一批新的一角鲸“角”有解除心口灼热，治愈鸡眼、眼炎痛，征服癫痫以及驱邪的功能。

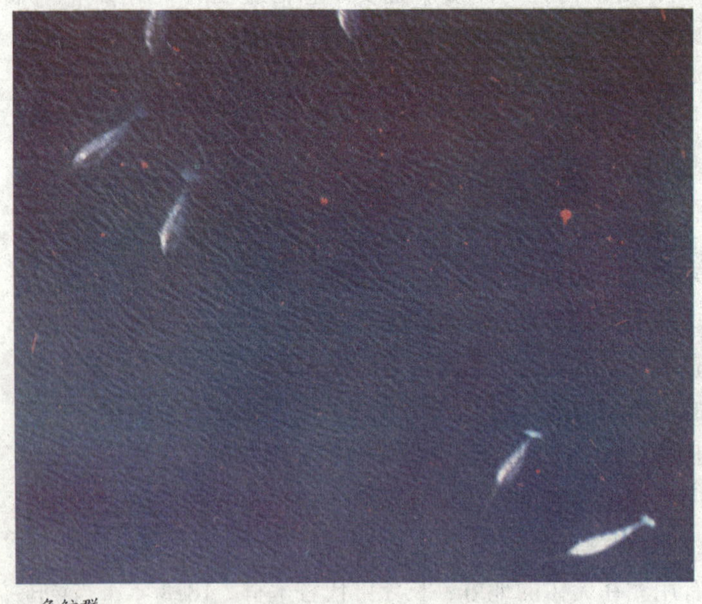
一角鲸群
图片作者：Ansgar Walk

直到1746年，独角兽的“角”才在英国药房中出售。到了20世纪50年代，在日本把“角”作为一种“奇药”。至今，德国许多药房还被命名为“独角兽药房”。

独角兽角的真正由来

大约在15世纪以前，人们所说的神奇的独角兽的角，多指生活在陆地上有角的马头上的角。在《圣经》里，独角兽被提到过7次。古希腊哲学家亚里士多德和普利尼断言它的存在。据说，罗马皇帝曾在赫西尼埃森林中看到一头似马的动物。列奥纳多·达·芬奇甚至写了一篇有关用童男童女作为诱物捕获独角兽的文章。

探险时代揭示了独角兽角的真正由来。1577年，英国女王伊丽莎白一世时代的探险家马丁·弗罗比舍贝，乘船驶进今天加拿大的巴芬岛的弗罗比舍贝湾时，发现一条漂浮的“死鱼”，“死鱼”鼻中有一根角，顶端破碎，长度不到2码（1码=0.914 4米）。一些水手发现这根角是空心的时，连忙把角中的几只蜘蛛倒出来。他们认为这几只蜘蛛是被毒死的。既然蜘蛛死了，那么，“我们猜想这只角的主人一定是个海洋独角兽”。

19世纪初，一头一角鲸的长牙在纽约的售价为50美元。到了1903年，中国进口了大量的这种长牙用来制药和做成吸收毒素的杯子。

仅在过去的几十年里，这种长牙的价格急剧上升。譬如，1978年每米一角鲸长牙在伦敦的售价为500镑，那时折合960美元。同年，在加拿大庞德因莱特的一位因纽特人出售一个带两枚长牙的头骨，得到了5 000美元。事实上，一根长牙在庞德因莱特，1960年每磅（1磅=0.453 6千克）为2美元，而到了1982年上升到每磅400美元，剧增至200倍。一根长牙重约20磅，按每磅400美元计算，价值8 000美元！

独角兽出现在很多神话里。

1972年，美国制定的《海洋哺乳动物保护条例》的实施，使买卖一角鲸长牙成为犯罪行为。8年以后，欧洲共同体也颁布了一项类似的禁令，从而导致一角鲸长牙在庞德因莱特的价格跌到每磅仅80美元。

在一角鲸保护法的指导下，加拿大

在1976年制定了一个定额分配制，允许因纽特人每年捕捉542头一角鲸。一开始，定额经常超出。比如1978年，规定庞德因莱特猎人只能捕捉100头，实际拖上陆地的却有150头，被他们杀死的可能约有350头。

然而，现在他们通常坚持这个定额。有时，由于天气恶劣、严重冰冻和一角鲸数量少，村民们甚至捉不到限额的最大量。比如，在1987年，庞德因莱特猎人仅狩猎到20头一角鲸。

比合法获得的一角鲸数量更使人焦虑的是被杀和从未收回的那部分一角鲸。一些科学家估计，猎人取回一头一角鲸，至少杀死、丢失了另一头。一些没有经验的猎人距离一角鲸太远，放枪未击中要害，受枪伤的一角鲸数量多于被捕获的数量。一个研究项目表明，被检查的一角鲸中，42%带有子弹伤痕。

兰开斯特海峡——大多数一角鲸的夏季之家，是通往西北航道的入口。这条航道不久将成为一条主要的航线。一角鲸容易因汽车吵闹声而惊恐，船运交通也可能改变和破坏充满生气的一角鲸的洄游。

一角鲸的长牙价值又一次开始回升，这次回升可能会导致捕鲸数量的增加。在日本，一角鲸长牙的需求量大大地上升了，在那儿，一角鲸的“角”仍然作为能够创造奇迹的独角兽角出售。

1988年夏天，两位加拿大科学家——渔业海洋部的迈克尔·金斯利和萨斯喀彻温大学的马尔科姆·拉姆齐去揭开科卢克托海湾－北巴芬岛一角鲸的夏季之家的谜。

他们在海湾，从较远的外部到里面，布下了大网，然后耐心等待。最后，他们听到水面一角鲸的暴躁、短促、刺耳的声音，然后是深沉、令人伤感的大号声调，引出无穷的悲哀。一小群一角鲸游近了网，除了一头——他们的俘虏留下来，其余的都经过又离去了。

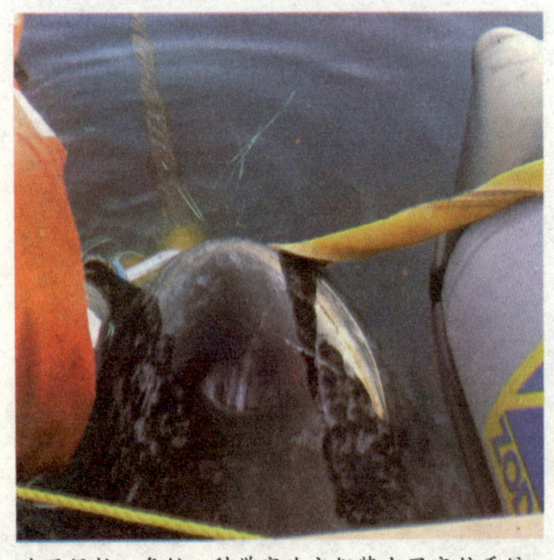
为了保护一角鲸，科学家为它们装上了定位系统。

金斯利一边留意有力的鲸尾叶的猛击，一边用钳子把一只小管形装置夹到1.22米长的长牙上。这是一角鲸首次被装上一只无线电发射机。这两位科学家坐在直升机上跟踪观察这头一角鲸已有两天了。可是，突然无线电发射机信号莫名其妙地消失了。这头一角鲸在冰水下失踪了。究竟为何失踪，对科学家来说至今仍是个谜。

凶猛无比的虎鲸

“海中霸王”

“虎鲸”一名，意味着这种动物凶残如猛虎。它的英文、荷兰文名称，都是“杀鲸凶手”之意。虎鲸又叫“逆戟鲸”，得名于雄兽的高大背鳍突出水面时，很像古代武器戟倒竖于海面的形状。

人们之所以称虎鲸为“海中霸王”，是由于它具有以下四个特点：

首先，虎鲸的嘴巴很大，上下颌各有 20 多枚 10 ~ 13 厘米长的锐利牙齿，而且牙齿朝内后方向弯曲，上下颌牙齿互相交错搭配，与人的两手手指交叉地搭在一起相似，不仅使被擒之物难逃虎口，而且还能撕裂、切割猎物。

其次，虎鲸具有快速、准确地追捕猎物的本领，因为它的背脊中央前方有一个高大的三角形背鳍，能起“舵”的作用，保证它在追捕时身体平衡。有时背鳍还可作为武器，去袭击猎物。

第三，虎鲸贪食无厌，不仅捕食其他海兽、大型鱼类、乌贼等，还会使用诡计，以装死去诱捕受骗而来的海鸟、海兽，可见它既凶猛又狡猾。

第四，虎鲸是一种群栖性海兽，常以 3 ~ 4 头小群活动，必要时会 10 余头或 30 ~ 40 头一起结成大群，集体围猎比自身大得多的巨鲸。

此外，虎鲸还有一种奇怪的嗜好，即最喜欢吃鲸的唇和舌。有人曾对捕到的 35 头灰鲸作过观察，发现其中有 7 头鲸的舌头，部分或全部被虎鲸吃掉了，显然这是些遭受过虎鲸袭击的幸存者。有时候，一头巨鲸被捕鲸炮箭击毙了，在海面漂浮时或被船拖行中，虎鲸也会趁火打劫，钻到死鲸口中，将巨鲸的唇、舌掠食一空，

虎鲸的背脊很高大。
图片作者：Rennett Stowe from USA

甚至用炮打也赶不走，所以有人称虎鲸为“窃鲸”。

围猎动物王

虎鲸捕猎到海豹。

早在1862年，有个叫埃斯里奇特的人，从一头虎鲸的胃里发现13头海豚和14只海豹，尽管这些被食者的个体不是太大，但足以证明“海中霸王”的凶猛、残忍和贪食之极！

据1979年4月美国出版的《全国地理》杂志报道，“海洋世界号”调查船的科学家们，在下加利福尼亚海区里，发现约30头的一群虎鲸围猎一头身长约18米多的幼蓝鲸的情景，与陆地上群狼围猎鹿的情景十分相似。虽然这是一头幼蓝鲸，但比虎鲸要长得多也重得多。

这群凶恶的“海霸”在围击蓝鲸时似乎经过“预谋”。一些虎鲸在它的两侧，两头虎鲸在它的前面，另外两头在它的后面，似乎阻挡它逃跑；另一些虎鲸似乎是要迫使它沉在水下，不让它露出水面呼吸；还有一些虎鲸在它的腹部下监视，以防它潜水溜掉。这场围击战，大约经历了整整5个小时，那头受害的蓝鲸虽还活着，但已是遍体鳞伤，危在旦夕。

最大、最灵敏的成员

在海豚科中，虎鲸个头最大、感觉最为灵敏。一头成年雄虎鲸，体长可达10米，体重足有7～8吨。虎鲸的体形像鱼雷，全身黑白分明。在世界各大洋里，都能发现虎鲸，它们的主要栖息地是在靠近极地的冰冷水域。我国的渤海，以及黄海、东海和南海，都发现过虎鲸的足迹，我国已把虎鲸列为二级保护动物。在野生动物中，虎鲸的寿命可以同人类相比，其性成熟期是在10～15岁。虎鲸是热血动物，当人们触摸到它的表皮时，会发现它的体温要比冰冷的海水暖和得多。

虎鲸虽然有“海中霸王”之称，可是研究人员在长期考察中，只见过它们吞食鱼类、海豹、海狮、海豚等动物，从未目击和听到虎鲸伤害人类的事例。经过驯养的虎鲸，性情温顺，甚至会表演许多精彩节目。

母系制家族

虎鲸需要探出水面呼吸。

虎鲸过群居生活，属于母系制。典型虎鲸群的成员有：祖母、母鲸和它的子女、孙儿孙女等。年幼的雄鲸是在母系制家族中成长的，和其他动物不同，它们终生不离开自己的家族。只有当两个不同的虎鲸群相遇时，雌雄鲸之间方会交配。雄鲸与雌鲸交配的权力是平等的，没有强弱之分，绝不会发生因争夺配偶而残酷断斗的事。

在一天中，虎鲸家族的成员总有 2 ~ 3 个小时静静地待在水的表层，露出巨大的背鳍；它们的胸鳍经常保持接触，显得亲热和团结。据研究人员观察研究，这是虎鲸扎营睡觉的姿势。在睡眠或休息时，虎鲸必须保持一定程度的清醒，否则一不小心会落入深渊，陷进险境。虎鲸能够安然地漂浮在海面上，是因为它们的肺部充满了足够的空气。如果鲸群里有一头成员受伤，或者发生意外失去了知觉，就必须依靠同伴的帮助。一般是祖母鲸或母鲸抢先用身子或头部顶托住它，使其能漂浮在海面上，否则它就性命难保。

虎鲸和陆地上的哺乳动物一样，需要呼吸新鲜空气。通常，虎鲸群的所有成员几乎都是同步进行呼吸的。在呼吸过程中，它们做 4 次短而浅的潜水，再做一次时间较长、入水较深的潜水。一头虎鲸在潜水时，先用尾部猛烈地拍打平静的海水，然后头部入水，翘起白底尾叶，顿时水花四起。

鲸类王国中的语言大师

虎鲸是鲸类王国中的“语言大师”。据美国海洋生物学家亚历山大·莫顿和摄影师罗宾·莫顿在英国哥伦比亚和加拿大温哥华海区的研究表明，虎鲸能发出 62 种不同的声音，而且不同声音具有不同的含义。

通过水听器结合潜水观察，研究人员发现虎鲸在捕食大马哈鱼时，发出断断

虎鲸的跳跃姿态非常优美。

续续的"咔嚓"声。这种声音犹如用力拉扯生锈铁门窗铰链发出的"吱吱嘎嘎"声。虎鲸不仅能够通过回声去寻找鱼群，而且还能够判断鱼群的大小和游向。这种能力，对生活在绿色海洋里的生物来说是十分重要的。因为海洋中浮游生物数量极为丰富，这就造成水下相当黑暗，虎鲸不可能在这种环境里看清几米远的捕食目标，所以只能靠发声来捕食。

虎鲸经过大约两个多小时的觅食以后，它们发出的声音不再是捕食时的"咔嚓"声，而变为"哇哇"声、哨声……有时还喷出团团泡沫。这表明它们正在戏耍。

虎鲸还有一个有趣的习性：经常要游入卵石海滩擦身。研究人员透过清澈的海水，见到它们用腹部紧贴在卵石堆上，上下左右不停地翻滚摩擦身子。它们时而翻筋斗，时而用下腭抵住石堆旋转，时而又斜着身摩擦其尾叶……它们擦身的时间，至少 10 分钟，最长可达 50 分钟。虎鲸这么做，是为了除去身体外表皮层上的污物。虎鲸在擦身时，发出一种"喂依 – 噢噢 – 啊拍"的欢叫声，表示舒适的感觉。

有时候，虎鲸群进入海湾，游进了海草丛中，可以听到它们发出的"呼呼"声和挣脱海草的声音。

生活在不同海区里的虎鲸，甚至不同的虎鲸群，它们使用的语言音调有程度不同的差异，这类似人类的方言，所以研究人员称虎鲸的语言音调为"虎鲸方言"。有时候，某一海区出现大量鱼群，虎鲸群会从四面八方汇集来觅食。但它们的叫声却互不相同。研究人员推测，虎鲸之间可以通过"语言"交谈，至于它们是怎样听懂对方的"方言"的？是否也像人类一样配有翻译？至今还是个不解之谜。

由于虎鲸的语言复杂多变，幼鲸要完全掌握成年鲸的语言，至少需要 5 年时间。

虎鲸成了出色的演员

格里芬与“纳木”

为了了解和征服虎鲸这个“海中霸王”，美国知名的海洋生物学家爱德华·格里芬怀着喜悦的心情，从两位渔民手中得到了一头雄性虎鲸“纳木”。他游近纳木，不过在人与虎鲸之间隔着渔网，以防万一。纳木用好奇的眼光盯着这位不速之客，发出尖叫声和“噼啪”声，时而又像一只害相思病的猫在哀诉。格里芬在网外模仿着它的声音，这是他和纳木第一次面对面的交谈。

驯养虎鲸并不是一件轻而易举的事。纳木在移居到围栏的第一个星期内不吃任何东西。为了刺激它的食欲，格里芬决定给它注射维生素复合 B。他请教了有关方面的专家后，用弓向纳木发射一支带有维生素复合 B 的箭。注射后，不知是由于维生素复合 B 的功效还是其他的原因，纳木变得十分贪婪，每天要吃 180 千克大马哈鱼。

一天早上，格里芬发现纳木似乎比平时更加贪婪。他把一条大马哈鱼抛给纳木，它马上用牙齿把鱼咬住，然后沉入水中游走了，因为这是纳木的习惯动作，所以格里芬毫不在意。但纳木很快就回来了，露出乞求再给一条鱼的神态。格里芬又给了它一条大马哈鱼，可是它游了一圈后又来讨鱼吃了，一次又一次地讨个不停。这是怎么一回事？经过一番调查，格里芬终于发现在围栏的一角堆积着一大堆大马哈鱼，原来纳木在偷偷地囤积口粮。

虎鲸的表演受到人们欢迎。
图片作者：Averette at en.wikipedia

格里芬花了很长的时间

来观察和研究纳木的行为，熟悉它的脾气。起初，格里芬在围栏的周围划船，纳木显得紧张不安，甚至有点冒火，但过不多久它就习惯了。在这以后，格里芬乘坐小型橡皮筏接近它，经过持久努力，纳木也允许格里芬接触和轻轻抚摸它了。现在，格里芬只要把小船划进围栏，纳木就会在小船旁边游来游去，就像一只狗在主人身旁欢蹦乱跳那样。

美国著名的鲸类驯养家蒂莫西·德斯蒙德，在加利福尼亚的兰桥·帕洛斯弗迪斯海池里，饲养了两头虎鲸。一头雄虎鲸取名“奥凯”，它长 7.5 米，体重 7 吨，胃口很大，每天至少要吃 100 多千克鱼。另一头雌虎鲸名叫“科凯”，个子较奥凯小，体长 6.6 米，体重仅 4 吨，每天大约吃 75 千克鱼。

这两头来自不同海区的虎鲸，在海池里成了一对亲密的伴侣。奥凯发怒的时候，科凯也会显得不高兴。当然，它们之间有时也会发生小摩擦。有一次，因为科凯认真参加训练，饲养员慰劳它一条大鲑鱼，奥凯见了立即游到科凯背部的上面，要它把鱼交给自己。对此，科凯很不高兴，便用三角形的背鳍向奥凯的腹部击去。经过轻微的搏斗之后，这场风波方才平息。

刚到海池时，奥凯和科凯常在池内横冲直撞，见人便发起攻击。科凯初次遇到德斯蒙德时，不但不加理睬，还常常眼睛充血，怒目相视。经过长期的接触，德斯蒙德与科凯交上了朋友。每当科凯在海池边上游泳，德斯蒙德只要手扶池边栏杆，用双脚在它背部跳跃，就可以使它闭上眼睛，停止前进。

调皮的科凯还喜欢和人玩捉迷藏的游戏呢。在海池一侧的浸水处有许多窗户，其中一些开着供观众观看，另一些与办公室和贮藏室比较接近。虎鲸和驯养员可以通过窗子相互见到。在一扇窗子上装有电铃，当驯养员按铃发声时，科凯能从海池的任何角落飞速游来。有时铃响后，德斯蒙德故意躲了起来。这时科凯会从一个水面游到另一个水面，从一个房间窜进另一个房间，四处寻找它的朋友，几乎每一次都找到了藏在窗子旁的德斯蒙德。

虎鲸母子

科凯到达海池后，先后共产仔四次，每次一头。不幸的是，前 3 头仔鲸不多久便死去了。第四头是雌仔鲸，刚出世时体长 2.4 米，体重 202 千克。科凯时时发出唤声，引导它在海池内活动。

驯养员发现，它们“母女”俩虽然形影不离，不知为什么却没有喂乳和吸乳行为，便决定在水面下用管子人工喂养。这时，科凯显得十分友好，不仅允许驯养员接近仔鲸，还让他们在浅水处抓住它喂乳。在人工喂养的情况下，仔鲸生长发育良好，体重不断增加。它经常与母鲸一起在海池里玩耍，还对人的举动产生了反应。其间，不负担抚养仔鲸义务的奥凯，也全神贯注于这个孩子。德斯蒙德充满信心，希望人工饲养鲸的繁殖能够获得成功，因为这在历史上还没有先例呀！一个月后，仔鲸变得更加活泼可爱了。有时候，它和母鲸在海池里追逐嬉戏：仔鲸在前，母鲸在后，当母鲸赶上仔鲸时，它突然跃出水面。谁知好景不长，一个半月后，这头仔鲸还是死去了。

精彩表演

经过德斯蒙德较长时间的驯养和训练，奥凯和科凯已经能乖乖地服从指挥，进行各种精彩表演了。如今，在它们居住的海池旁，从早到晚围满了成千上万观众，尽情地欣赏着“海中霸王”的惊人表演。其中，最激动人心的节目有四个。

第一个节目是“迎客”。在演出前 10 分钟，海池的铃声响了，这时，奥凯和科凯已作好演出准备。当观众基本上到齐的时候，奥凯将巨大的头部露出水面，向观众徐徐游去，以示“欢迎”，博得了人们的鼓掌和喝彩。

第二个节目是“跃水吞鱼”。一位驯养员站在海池工作台的钢架高处，颈部悬挂着一条大鱼。德斯蒙德一发出表演信号，科凯马上破水而出，张开大口，跃到 5 米多高处，吞下这条大鱼，然后返回海池。此时，水花飞溅，海池宛如一锅煮沸的水。

第三个节目是“速游中纵跳”。奥凯虽然体躯庞大，却能沿着池边快速游泳，这时它露出三角形的背鳍，犹如飞艇在破浪疾驶。一旦听到德斯蒙德发出“纵跳”的信号，它便立即跃出水面，时游时跃，活像人们的蛙式游泳表演。

虎鲸在和冰球玩耍。

第四个节目是“招之即来”。德斯蒙德一发出召唤信号，奥凯和科凯马上争先恐后地围上来。

奥凯和科凯是一对聪明而调皮的“演员”。它们在做精彩表演后，一定要付给高价报酬——鲑鱼、金枪鱼之类的上等鱼，否则下次表演时就会“偷工减料”，甚至不听指挥、拒绝表演。一次，一位新来的驯养员在科凯表演后没及时喂食，结果它大发脾气，几次轻轻地碰撞这位驯养员。奥凯在一次“速游中纵跳”演出后，只得到一些小而差的鱼，下一次表演时，它便只游不跳。

虎鲸纳木也没有辜负格里芬的培养和训练，它和格里芬表演的节目——“猫捉老鼠”，十分精彩。纳木腹部朝上，两只胸鳍露出水面，格里芬坐在它的胸部，一只手握着它的牙齿。纳木驮着格里芬，在深水中兜圈子。几圈之后，格里芬从纳木的身上跳进水中，全速向海岸游去。这时，纳木从背后追了上来，再次把他驮在背上，又向深水游去。格里芬从它的背上跳进水中，纳木又像以前那样追赶他，重复着这个动作……

德斯蒙德和格里芬已经和虎鲸交上了朋友，通过他们的观察、驯养和研究，人们开始了解“海中霸王”的真面目：它们大脑发达，智力出众，能与人建立友谊。然而，它们毕竟是一些危险的朋友，对此绝不能放松警惕。

与人亲近的海兽——海豚

你知道吗，其实海豚也是鲸类王国中的一个大家庭。有些名叫“鲸”的海兽其实是海豚家族中的成员，就像虎鲸、伪虎鲸。

海豚可能是与人最亲近的海兽，它们常常面带“微笑”，眼睛明亮仿佛能与人交流，它们聪明活泼，群居协作，常常成群陪伴渔船航行。它们是水族馆中的常客，能够表演高难度动作，深受孩子们喜爱。这些海豚除了留给人们的“第一眼印象”，它们还有很多不为人知的一面。

比如，海豚是动物世界里的“游泳能手”，它们不仅能轻易超过一些开足马力的船只，而且有人报道，海豚的游速竟然能胜过陆地的短跑冠军猎豹！

比如，海豚的听觉组织比人类还要发达，它们能够通过回声定位分辨物体，锁定自己爱吃的鱼，再准确地捕猎。

比如，海豚不仅聪明而且乐于助“人”，它们除了常常救助溺水的人类，也曾为搁浅的抹香鲸导航，帮助它们重返海洋。

关于海豚的秘密，还等着人类进一步发掘。

可爱的海豚

实在可爱

在鲸类王国里，要数海豚家族——海豚科的种类最多了，全世界已知的共有30多种。有的种类虽名叫“鲸”，如虎鲸、伪虎鲸，其实也是海豚家族中的成员。

海豚流线型的躯体
图片作者：sheilapic76

海豚是一类智力发达、非常聪明的动物，它们既不像森林里的胆小动物那样见人就逃，也不会像深山老林中的猛兽那样遇人就张牙舞爪，而是表现出一副温顺可亲的样子与人接近，比起狗和马来，它们对待人类有时甚至更为友好。

救落水人

古代就有海豚救人的记载，其中最出名的要数阿里昂的故事了。据古希腊历史学家希罗多德记述：一次，有位名叫阿里昂的音乐家，带着大量钱财乘船返回希腊的科林斯。在航海途中，水手们垂涎他的钱财，起了谋财害命之念，威胁说要杀死他。阿里昂见势不妙，祈求水手们允诺他演奏生平的最后一曲，奏毕便投入大海的怀抱。谁知阿里昂优美动听的音乐已经把海豚吸引到船的周围，正在他生命垂危之际，海豚游了过来，驮起他，一直把这位音乐家送到伯罗奔尼撒半岛。

1949年出版的《博物志》上，也记述了一个海豚救人的事例。一个上了年纪的女子在离海岸大约3米远的海水里走着，忽然被岸边退回去的一阵巨浪卷入了海里。她拼命地挣扎着，但站不住脚，喝了很多水。她逐渐地失去了知觉，但突然感到好像有人猛向她一推，把她推到沙滩上。她跌倒在沙滩时，脸向下，因精疲力竭一时转不过身来。过了几分钟后，她体力稍有恢复，慢慢地翻过身来，张眼一看，没有人在她的附近，但只见到大约在6米远的水里有一只海豚在跳跃，似乎还向她发出“微笑”。当她体力基本恢复而站立起来时，只见一个男子向她走来，并且告诉她：“我刚到这里时，见到一只海豚把你推上了岸，当时我误以为你是具尸体。”

海豚喜欢玩耍，它们正在“冲浪”。
图片作者：Nuke at the English language Wikipedia

海豚为什么要救人？科学家们有不同的猜测：一种猜测认为海豚喜欢推动海面上的漂浮物体，它们爱把仔豚托出水面，抬起生病或负伤的伙伴，因而一旦它们遇上了溺水者，可能误以为这是一个漂浮的物体，于是把人推上岸来，从而使人得救；另一种猜测认为海豚喜欢找人玩耍，救人可能也是海豚与人玩耍的一种行为；再一种猜测认为海豚智力发达，具有人类的救人意识。

驮人游玩

在古代，除了海豚救人以外，还有海豚驮人游玩的传说，出现过“人骑海豚”的图画和雕刻的艺术品，甚至在古书中有这方面令人生趣的记载：“人骑海豚游览海洋世界”、“骑海豚要比骑马愉快得多”……

海豚驮人游玩是有可能的，其理由有以下四点：

其一，有人已经发现，一头受伤的大海豚被几只健康的海豚顶着在海面游泳，如果不是这样做，那头受伤的海豚就会下沉，因无法呼吸空气而窒息死去。这一行为基本上与驮人姿势是相似的。

其二，据大量观察和研究资料证实，海豚不但对人友好，而且喜欢和人玩耍，

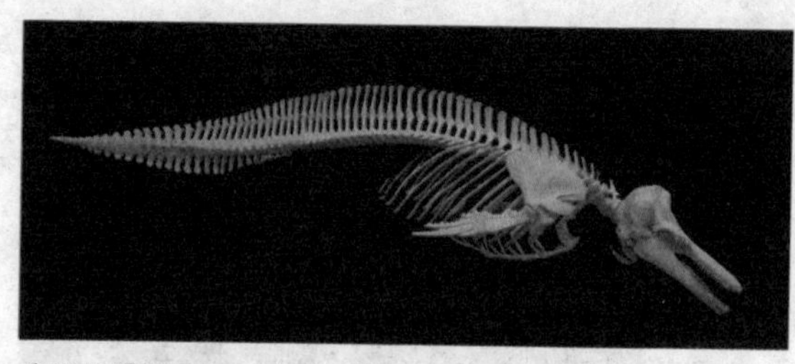
海豚的骨骼
图片作者：Sklmsta

所以海豚会乐意驮人，而且会把驮人当作与人玩耍的一个内容。

其三，海豚的背前方都长有一个较大的三角形背鳍，人如果能用力紧紧地抓住它，就不会从海豚背上掉下来。

其四，目前国外一些海洋公园或水族馆，已经有“人骑海豚”的表演。经过训练的海豚十分听话，只要驯兽师的“召唤”哨一吹，一头海豚就会游至池边，让人骑在它的背上，然后在池内兜圈子，待驯兽师的“结束”哨一响，它又乖乖地游回原地，让“乘客”下来，此时，驯兽师需要付给它酬劳——可口的鱼，否则下次它就会不乐意。

与狗嬉戏

澳大利亚昆士兰州南部的廷坎湾，有一个令人惊奇的景观——两头海豚（一母一子）和一条名叫“科南”的狗成了难舍难分的好朋友，它们每天在海湾内的浅水区结伴嬉戏。

据科南的主人斯蒂夫·罗伯逊对公众说，他的这条爱犬每天一大早又是蹦又是跳，坐卧不宁，闹着要带它去海湾。到了海湾，科南等待着海豚的到来。海豚母子如约而至，科南跃入水中相迎。然后，它们戏水追逐，发展着它们之间的那种特殊情谊。

不少专家对海豚与狗的深情厚谊感到莫名其妙，因为这种海豚一般很少与其他动物交往。据多年从事海豚和鲸观察研究的澳大利亚科学家保罗·霍德推论，也许这两头海豚能发出一种狗能听到而人听不到的声音信号，同这只狗进行“交谈”。

语言丰富

1951 年，美国一位动物学家录制了海豚的“语言”。他发现，大西洋种阿法林海豚能发出 17 种啸声，太平洋种阿法林海豚能发出 16 种啸声，太平洋种白腹海豚则能发出 19 种啸声。在这三种海豚的啸声中，有 8 种是雷同的，32 种是各不相同的。海豚在觅食和交配时会发出啸声，在不安、恐惧和遇难时则发出另外一些声音。更为有趣的是，幼海豚似乎比成年海豚更喜欢“讲话”。

日本大学黑木敏郎教授对海豚语言的研究更有成效，他认为海豚的语言同人类的语言十分相似，不仅有通用的“普通话”，而且还有各自特有的“方言”。他列举出这样一个例证：生活在大西洋的关东海豚有17种语言类型，而生活在太平洋的关东海豚有16种语言类型，它们虽属于同一个种，但两者之间有9种语言是通用的，约占一半，而另一半语言是各自所特有的，互相都听不懂，这就是海豚的“方言”。

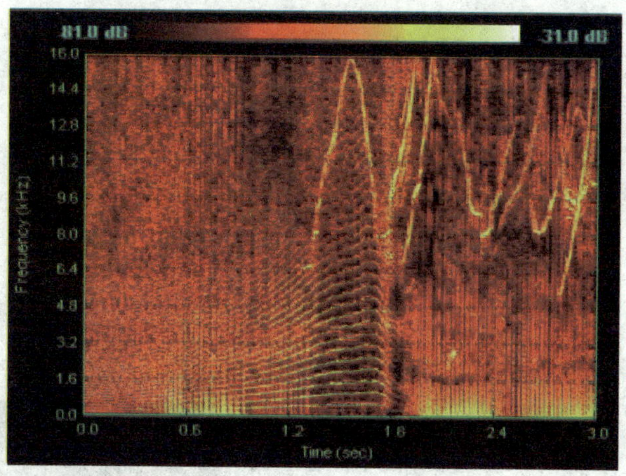

海豚发出声音的声谱图
图片作者：Spyrogumas

海豚能不能像一些鸟类那样学会人类的语言？在美国的圣托马斯岛上，一位动物学家从1955年开始教海豚讲英语。三年以后，这位动物学家宣布，海豚能模仿某些人的话音。有一头名叫“埃尔维”的海豚，在听到它的女教师用“再多些，埃尔维”的话来鼓励它时，它竟然用小鸭子似的高音重复着这句话。

20世纪70年代，美国夏威夷大学海兽实验室的三位科学家用一对海豚进行训练，教它们用人类语言说话。经过18个月的训练，这两头海豚学会了25个单词，其中11个是物质名词，7个是动词，其余的是副词和形容词。到1979年，这两头海豚一见到出示的东西，便能准确地发出表示物体名称的声音，如“球”、“管子”、“铁环”和“人”等。

新近，大洋洲海洋基金会的欧文斯博士等四位科学家对两头海豚进行试验，她们花了三年时间，教会它们700个英文词汇，比《吉尼斯世界纪录大全》记载的一只非洲鹦鹉所掌握的500个词汇还要多。

海豚的特殊本领

高速游动

海豚是动物世界里的“游泳能手”。美国加利福尼亚海洋水族馆的试验表明，海豚在水中的时速可达 40 ~ 48 千米。

有人报道，海豚在大海中能乘风破浪，每小时的最快游速竟达 80 ~ 120 千米。

海豚为什么能如此高速游动呢？

海豚能够高速游动。

根据科学家们对海豚的反复研究，发现这类动物除了流线型的身体适宜在水中游动以外，主要是它们的皮肤结构与一般海洋动物不同。海豚的皮肤基本上可分为两层：外层是 1.5 毫米左右厚，含有许多小管，管内充满海绵状物质的极为松软的表皮；内层是大约 6 毫米厚的致密而结实的真皮。这种皮肤结构像减震器一样，有效地防止身体表面产生紊流，以利其急速前进。同时，海豚柔软的外表能够变形，整个皮肤表面能按照水的紊流而做波浪形的起伏，皮肤的轮廓与水的波形一致，使海豚的身体表面能够减少 90% 的摩擦力，因而海豚游动得特别快。

捕食绝招

早在 1946 年，海洋生物学家发现海豚能像蝙蝠一样发出一种超声波，而且根据回声定位法以确定食物的位置。例如灰斑纹海豚，在水下会发出“吱吱”的重复声音，这声音中还包含 170 千赫的超声波。这种超声波遇上物体后会产生回声，海豚可以根据回声来判断物体的大小、形状、性质和位置。所以，灰斑纹海豚在海洋里能够根据每一种鱼的不同回声式样，而接近和捕猎自己爱吃的鱼。

海豚分辨物体的能力，不是靠眼睛看，而是用耳朵听。科学家研究海豚的听觉后发现，它们的大脑听觉区组织要比人类发达和复杂，由耳朵连接大脑听觉区的听神经也很粗大，所以海豚的回声定位是通过耳朵传递到大脑产生的。

捕到一条鱼的海豚。
图片作者：Dennis Otten

海豚救鲸群

1979年，在新西兰的杰格兰港，一架直升机观察到一群海豚为一群巨鲸“领航”，引领它们穿越一片危险的浅海区。

1983年9月的一天，在新西兰北岛的托克劳海滩，80头大小不等的抹香鲸搁浅在沙滩上。

在人们的救助下，76头抹香鲸被推到深水里去了，海滩上只剩下4头昏迷不醒的幼抹香鲸。可是，意外的事情发生了，被送到深水中去的抹香鲸又回过头来，固执地朝岸边游来！

搁浅会造成鲸类的死亡。
图片作者：Bahnfrend

正当人们束手无策的时候，海面上突然出现了一群海豚，它们发现了困在海滩上的抹香鲸，仿佛知道鲸群的处境，就迅速地朝抹香鲸游去。

只见几十头海豚游到抹香鲸中间，在它们的身边穿来穿去，用身子轻轻地触碰抹香鲸，好像在安慰它们。经过这样一番活动后，海豚们便领着抹香鲸朝着深水方向游去。令人惊奇的是，这些抹香鲸竟十分顺从地跟随着海豚，慢慢地消失在茫茫大海之中。

特殊用途

在第二次世界大战中，人们训练的海豚“特种部队”立下了汗马功劳。在海战中，交战双方常利用“蛙人”去破坏敌方的水下设施。为了对付“蛙人”的破坏，海军部门训练海豚充当“巡视员”，在它们的头上缚上锋利的刀子或注满麻醉剂的注射器，一旦发现“蛙人”来袭，海豚就快速出击，将刀子或注射器刺入“蛙人”体内，从而成功地保卫水下设施。

在海战中，人们常常在战区水下以布雷的方法来防御敌方的舰船和潜水艇侵犯自己的海域，而扫除鱼雷和水雷是件很难的任务。科学家首先训练海豚识别鱼雷和水雷，然后再进一步教会它们将发现鱼雷或水雷的信息告诉岸上的人们，以便及时采取破雷措施，使海军顺利前进。据报道，经过训练的海豚“扫雷兵”比海军潜水员本领要高强得多，例如一头训练有素的海豚，在三天内就发现了 17 枚水雷。海豚还是出色的水中“侦察兵”，不仅可以在敌方水域中收集敌潜水艇的信号，而且能携带重达 8 千克的炸药去炸毁敌人的潜水艇，但海豚也因此而壮烈牺牲了。

海豚还能够被训练成为“打捞员”，去打捞海底的重要物品。人们已经设计出一种特殊的打捞装备系在海豚头上。当海豚发现目标时，它会用抓具去碰撞目标物，使抓具夹紧物体并从海豚头上脱下，人们便可用尼龙绳将被打捞的物体拖出水面。此外，海豚还可以带上气体发生器，用抓具夹住被打捞的东西。抓具上有一个自动起动系统，抓具夹住被打捞的物体后，开关使气体发生器立即充气，被打捞物就会浮出海面。

经过训练的海豚能看懂人的手势。

喜欢和人类玩耍的海豚

这个海滩出名了

宽吻海豚
图片作者：Serguei S.Dukachev

澳大利亚沙克湾内狭窄的佩伦岛，有一个叫“蒙凯米阿”的海滩。沙克湾是一个复杂的生态系统，这里有各种令人痴迷的海洋动物，如鲸、海豚、海龟、鲨鱼、海蛇、儒艮……不过，这里的景色颇为荒凉。这个地区的年平均降雨量只有20厘米多一点，植物十分稀疏。由于地区偏僻，淡水不足，几乎很少有人在那儿生活。这个地区最大的城镇是居民数约650人的德纳姆。20世纪初，这里建立了一个僻静的渔村，它是这块大陆最西面的村落。

虽然从澳大利亚的珀斯北部到沙克湾的行程足有960千米之远，但是人们为了亲眼看见自然界最奇特的野生动物奇观——蒙凯米阿海滩的友好宽吻海豚，都蜂拥而来，使这个原先默默无闻的海滩出了名。

看，它们来了

从珀斯慕名来到蒙凯米阿海滩，想亲眼看看这种主动找人玩耍的宽吻海豚，有时得等上几个小时。

突然，附近响起了喊叫声：“看，它们来了！”动物迷们将手搁在眉眼之间，果然发现了几头露出脊鳍的海豚迅速地朝海岸靠近。

只见6头海豚一起用它们的流线型身体划破水面，鼻孔中呼出的气雾在海面旋转。刚抵达海岸时，可能是由于过分兴奋了，它们不约而同地发出了短促而刺耳的“咔嗒”声，在人腿的迷宫中穿梭自如。这群海豚逐个地与人们玩耍，它们从睁大眼睛的成人和孩子手里接过鱼来，又把头伸出水面，以便更好地看一看最近的一批观众。

一头较小的成年海豚，可能是雌的，从一位旅游者那儿接受了一条鱼，然后向围观者游来，并将鱼扔向他们。突然间，人们发觉自己正处于一种十分尴尬的境地：这头海豚是否要他们把这件礼物再还给它呢？它是否期望他们也像它一样把鱼吃下去呢？围观者进退两难，不知所措。最后，这头海豚对这种毫无反应的举止感到不满了，它游了上来，夺走了这条鱼，消失于水中。

海豚与人接触已久

长期居住在沙克湾的人认为，这种海豚接触人的现象起码已有25年了。最早的叙述是在20世纪50年代，据说有一头名叫“奥尔德查利”的海豚，赶着成群的鲱鱼朝当地渔民游去。接着是在20世纪60年代初，渔民们带着家属在海滩上露宿，许多海豚徘徊在长长的木制防波堤和停泊在那儿的小船附近。偶尔，人们丢给它们一些鱼，这种举动可能促进了海豚与人类之间的相互交往。到了1964年，一些海豚变得完全习惯于接受人们给予的施舍物。20世纪70年代初，一头名叫“奥尔德斯·皮克莱蒂·贝里”的海豚，定期从人类那儿接受鱼，允许人们抚摸自己的侧身，还会一动不动地待上很长时间，足以让家长们把小孩放在它的背上拍照留影。

海豚和人。

到了70年代末，蒙凯米阿海滩已经成为一个有一位常驻经理的商业管地。从1975年开始有了人类与海豚互相交往的文字记载。那时由威尔弗和黑兹尔·梅森接管这项业务。

梅森一家在买下这片管地前，对海豚是一无所知的。在他们到来时，奥尔德斯·皮克莱蒂·贝里仍然与其他海豚一起来到海滩，有时多达8头。最后，梅森一家共熟悉了11头海豚，他们是从脊鳍的形状和一些生理特征来识别每一头海豚的。

它们是宽吻海豚

宽吻海豚

成年宽吻海豚体长约 2.7 米，体重 227 千克；雄性比雌性大。这种海豚的口部突出在脸部前，像老式的杜松子酒瓶盖。它的体色呈深浅不一的灰色，有一个高高的似翼状的背鳍，宽宽的横尾和有力的尾肌能使它们的游速达到每小时近 26 千米。

宽吻海豚喜欢待在离海岸较近的水域中。它们精力充沛，动作灵活，喜爱玩耍，常常做出一些为人熟悉、引人注目的跳跃动作。虽然它们在水面上下都能看清东西，但是它们运用回声定位方法来航行和在水下觅食。

宽吻海豚也能用高频声把它们的主要猎物——鱼击晕。一些科学家认为，海豚运用声纳，可以“看到”立体型的物体，甚至在完全黑暗中也能“看到”；他们还认为，海豚也可能像照 X 射线一样，能“看到”一位潜水员或其他海豚的体内器官。

最大的乐趣

蒙凯米阿海滩的名声越来越响，因为在世界上人们能如此自由地与野生动物交往的地方是不多的。

海豚之所以逗人喜爱，是因为它们具有惹人喜爱的“微笑”，不会伤害任何人的感情，正如一位海豚赞赏者贴切地说过：海豚象征着“永恒的友谊”。另外，海豚本性好玩，这可能也是海豚如此吸引人的原因。

在人与海豚的交往中，如果人们粗暴地触摸海豚，或者抚摸它的呼吸孔、眼睛周围和下颌，海豚会变得烦躁，甚至咬人或用尾巴打人。这是因为人的玩耍

经过训练，海豚可以和人一起表演高难度动作。
图片作者：pelican

超过了限度，不够友好所致，并非出于海豚的无礼。

随着逗玩海豚游客的日益增多，在梅森等人的努力下，于1980年成立了海豚福利基金会，该会委任自愿看守者去了解人与海豚之间的接触情况。1983年，沙克湾郡和西澳大利亚旅游委员会批准了一个发展长期管理规划的研究项目，提出了四点建议：一是雇用保护海豚的永久性看守人员；二是为公众拟订教育大纲；三是提供给海豚的鱼必须严格控制；四是建立一个情报中心。1984年以后，密执安大学的4位研究人员一直在研究蒙凯米阿海滩海豚的群居关系和听觉通信。他们鉴定了200多头海豚，其中约有70头定期到蒙凯米阿海滩拜访。为了进一步了解这一种类的群居行为，他们继续绘制海豚通信的群居网络。

1985年，从珀斯到德纳姆的公路通车了，参观海豚的人数大大增加，海豚的名声自然大振。1987年寒暑假期间，海豚首次遇到大群来客光临，这群70多人的游客见到海豚蜂拥而上，而海豚仍然显得十分平静、友好，让游客观看和抚摸。1988年参观海豚的人数竟然达到了10万人次。许多游客都情不自禁地感叹道：能与海豚共享欢乐，是何等的幸运！

现在，蒙凯米阿海滩已有7位看守人员，信息中心也已对外开放。标牌和一些印刷品会告诉游客：如何去接近和与海豚交往。看守人员会定期地监视人们与海豚的接触。希望给海豚喂食的游客可以就地买冻鱼，但每天出售数量是严格控制的。

看守人员向游客宣传：我们必须尊重海豚，不要做出粗野行为，如果一个人做出一些让海豚厌恶的事，这种“人与海豚间的亲密交往”就会毁于一旦。对游客的这种教育，可能是保护蒙凯米阿海滩海豚的秘诀所在。

灰海豚的日日夜夜

奇妙的食鱼术

科学家发现，南美洲、南非和新西兰的外海是灰海豚的家乡。这种海豚大约有1.5米长，常以6～15头，多至20～30头小群活动，有时也会结合成400头左右的大群一起摄食。一种大约只有10厘米长的南方鳀鱼是灰海豚最喜爱吃的食物，所以灰海豚的出现和迁移，往往直接与鳀鱼群的出现有关。

灰海豚与其他的海豚一样，在水下会发出“吱吱”的重复声音，这声音中还包含170千赫的超声波。这种超声波遇上物体后会产生回声，海豚可以根据回声来判断物体的大小、形状、性质和位置。所以灰海豚在海洋里能够根据每一种鱼的不同回声式样，而接近自己爱吃的鱼。

灰海豚在寻找南方鳀鱼之前，是直线快速游泳，并且一头接一头排成一列纵队，互相大约间隔20～41米的距离，以这种队形侦察鳀鱼群，并用它们的声纳能力对鱼群进行回声定位。一旦发现了鱼群，灰海豚就潜水较长时间，把鱼群驱赶并密集到接近水面。这时，水面好似一道天然的“围墙”，可以阻挡鳀鱼逃脱，而灰海豚可以多捕食猎物，足以饱餐一顿。

科学家还发现，当食物不足时，灰海豚常以小群活动，当灰海豚找到大量食物时，它们就结成数百头的大群；而且大群海豚摄食的时间要比小群海豚长得多，一般10头左右的海豚群只需要6分钟的时间，而超过50头海

灰海豚的肤色很特别。
图片作者：“Mike”Michael L.Baird

豚群就需要26分钟的摄食时间。

在春季或夏季，灰海豚从早晨到中午摄食鳀鱼，活力最充沛的捕食鱼类行为也见于下午；而到了夜间，它们在接近海岸浅水处作缓慢游动，潜水时间十分短暂，这就是灰海豚的“休息期”。可是到了冬季，情况就相反，灰海豚在夜间觅食鳀鱼，白天休息。这究竟是为什么？科学家还在探索。

不同的跳跃型

灰海豚手绘图。

灰海豚在欢乐的时候，会表演出优美的跳跃动作；而且在不同的欢乐场合，它们的跳跃姿态是不同的。

在摄食前，当鳀鱼刚被驱赶密集时，灰海豚纷纷头向前从深处跃出水面，拱起身体在半空中，然后头向下再进入海里。这种捕食前的欢乐跳跃，很少或不产生溅水声，不会惊动鱼群窜逃，所以称为“无声跳跃”。

当鱼群被驱赶到接近水面时，灰海豚立即转变为另一种跳跃方式，那时头部仍向前跃出海面，可能是因为过分兴奋，冲力特别大，可跃出海面近5米高的上空，但下水时不再是头朝下，而代之以身体的侧面、背面或腹部落回水中，所以溅水声非常响亮，好似不会跳水的人们从高高的跳水台上以胸部碰击水时产生的声音，所以称为“喧闹跳跃”。这种跳跃发生在整个鳀鱼的周围，作为迫近猎物进行捕食的欢乐信号。

摄食结束后，灰海豚又做第三种类型的欢乐跳跃表演。这一跳跃，包括好像杂技演员环绕纵轴旋转、一个或多个的翻筋斗和所有这些基本跳跃类型的变化，所以称为“杂技跳跃”。杂技跳跃，可能是灰海豚出于促进群居和重新组合队伍的目的，它伴随着一阵尖叫声。确实在这个时间，科学家观测到那些灰海豚腹部对着腹部一起游泳，还发生明显的交配行为。

引来了新食客

燕鸥
图片作者：J.M.Garg

灰海豚在进行喧闹跳跃的时候，发出一阵阵“噼噼啪啪”的击水声，这就可以将栖息在附近海岸的鸟类，从几里远的地方吸引过来。最先飞到的是一种善飞的燕鸥，随后而来的是鸥、信天翁、海燕、巨海燕、海鸥、鸬鹚、贼鸥等其他海鸟。大约过了 10 分钟的时间，那里的鸟类可以汇集 1 000 只以上，它们是一批庞大的食客，都企图与灰海豚共享美妙的猎物——鳀鱼！

灰海豚的摄食活动，不仅吸引了来自天空的食客，而且还引来了海中的其他海豚群。因为灰海豚在摄食的过程中，不时地在水下发出声音，这声音好似一种有效的联络信号，对附近的海豚群会产生刺激作用，引起它们强烈的反应而游来猎物。根据科学家在海洋中的实地测量，当一群灰海豚在摄食鳀鱼时，其他的海豚会从 8 千米外的地方，以直线迅速游至猎地。

这时候，整个猎地成了热闹的掠食场所。海面上空飞鸟在翱翔；一些灰海豚和海鸟在潜水，另一些在水面上浮游；不少灰海豚仍然在兴奋地跳跃。一口，一啄，大家高兴地分享鳀鱼的美味。这一现象，科学家在海豚的自由王国里是多次见到的，因为灰海豚和海鸟彼此在长期海洋生活中已结成了习惯上的“盟友”，可是海鸟只从灰海豚那儿获得好处，却不付出任何报酬，可谓是一群吃白食的食客！

鲸类集体“自杀”

十起鲸类“自杀”事件

在自然界中，鲸类“自杀”事件已经屡见不鲜，据英国大英博物馆的统计，自 1913 年以来，有案可查的鲸类“自杀”个体总数已逾一万。实际上，鲸类“自杀”数量远不止这些，因为还有未被统计在案的和这个统计数据发表以后发生的鲸类“自杀”数。下面列举十起颇有影响的鲸类集体“自杀”事件：

1934 年，在斯里兰卡的木图尔海湾，开始时有几头伪虎鲸进入多淤泥的浅滩，它们发出求救的信号，大批伪虎鲸被招引而来，结果全部干死在海滩上，共计有 97 头。

1946 年 10 月上旬，历史上最大的一次鲸类集体“自杀”事件，在阿根廷马德普拉塔海滨浴场发生了：835 头伪虎鲸奋不顾身地冲上沙滩，无一生还，它们

人们从很早就观察到鲸类搁浅，这张画创作于 1617 年。

的尸体几乎布满了整个海滨浴场。

1966 年 12 月 1 日，在菲律宾的库约群岛岸边，102 头鲸在岸边死去。这里在 40 年前也发生过类似的鲸集体死亡事件。

1970 年 1 月 1 日，美国佛罗里达州皮尔斯堡的沙滩上，150 多头虎鲸不顾一切地冲上海滩后遇难。

1976 年，在波纳维斯他湾，400 头领航鲸（又叫巨头鲸）冲上沙滩。

1979 年 7 月 17 日，在加拿大欧斯峡海湾，130 多头鲸突然从海中冲向沙滩。渔民们驾着渔船，打开水龙头，试图进行阻拦；他们还用绳索，把一些已冲上海岸的鲸拖回海里。可是它们仍顽固地游回沙滩，在那里等待死神的召唤。

1980 年 6 月 30 日，在澳大利亚新南威尔士州沿海，50 头鲸集体死去。

1981 年 9 月 9 日，在澳大利亚的塔斯马尼亚岛的一个海滩，160 头巨头鲸“自杀”丧命。

1984 年 3 月 13 日，在法国奥捷连恩湾，32 头抹香鲸在沙滩上搁浅受困，它们中的大多数是雌鲸，个个流露出一种惊恐万分的神色，它们的哀叫声传到 4 千米之外，仿佛是在向人们和同类发出祈求，迫切需要获得营救而脱险。

1985 年 12 月 22 日早晨，我国福建省打水岙湾时值涨潮，海浪翻滚，波涛汹涌，福鼎县秦屿镇建国队的渔民正在海上作业捕鱼。突然，一头 10 米多长的抹香鲸闯入了捕鱼作业区，渔民们马上用大网将其团团围住。然而，这头海兽不肯束手就擒，拼命翻滚吼叫，企图挣脱逃跑，无奈被渔网紧紧缠住，动弹不得。就在此刻，渔民们发现 2 ~ 3 海里外波涛翻滚，一群抹香鲸汹涌而来，然后在那头被捕的抹香鲸周围游弋，并用身体隔网摩擦被围的同伴，以示安慰，同时横冲直撞，攻击渔船，显得非常愤怒。渔船在鲸群的攻击之下，上下颠簸，几乎翻覆，渔民惊恐万状，奋力搏斗，相持了 3 ~ 4 个小时，海水退落，鲸群全部搁浅，横卧海滩，但还活着。奇怪的是，直到海水再次涨潮时，这鲸群仍然不忍离去。渔民们在当地水产部门的指示下，奋力驱赶鲸群返回大海，甚至动用机帆船拖曳，都未奏效。已经被拖下海的鲸又冲上滩来，没有一头苟且偷生，直到退潮，12 头 12 ~ 15 米长的抹香鲸全部毙命，

1902 年，大量的领头鲸搁浅在海滩。

陈尸海滩，情景十分壮烈。这是我国有记录的第一次抹香鲸集体“自杀”事件，在国际上也颇有影响。

历史上的十大假说

鲸类动物（包括鲸和海豚）搁浅（俗称“自杀”）已不是件新鲜事，当今人们感兴趣的是：这些终生以海为家的鲸类动物，为什么要厌烦大海，游向海滩而进入“死胡同”呢？人类能否营救这些遇难的鲸类动物呢？

世界上第一个记录鲸类动物搁浅现象的，是希腊大哲学家亚里士多德。他直率地告诉人们：“鲸类动物究竟为什么会搁浅？我无法回答这一难题。”

此后，世界上解释鲸类动物搁浅的假说层出不穷，归纳起来至少有以下十大假说：

1. 自杀；
2. 进入浅水区休息；
3. 在海滩擦洗皮肤；
4. 恢复寻找陆地以求安全的本能；
5. 浅水区的声纳回声受到干扰；
6. 内耳寄生虫妨碍正确的声纳回声接收；
7. 脑部感染导致迷失方向；
8. 聚居压力；
9. 追寻古代迁移路线；
10. 活动场所的噪声、污染、雷达、电视和收音机、地震等影响。

对已有假说的质疑

早期有人提出，鲸类动物搁浅是由于自杀所致。这一解释不能成立，因为鲸类动物不可能具有人类那样丰富的感情，再说鲸类动物一旦搁浅以后，往往显得惊恐，甚至会发出悲惨的求救声。

苏联科学家早已发现，鲸类动物已经进化到适于在水中休息或睡眠，此刻虽然处于静止状态，但是其大脑仅有一侧休息，而另一侧仍处于清醒状态，从而控制活动和呼吸，绝不会淹死或窒息，所以因进入浅水区休息而搁浅是不可能的。

虽然正常的鲸类动物并不栖息于浅水区，但是某些种类（如虎鲸）确实利用浅水区作为擦肤的场所，然而迄今为止，人们没有观察到这种现象最终会导致动物搁浅。

虎鲸有时会游到浅水区，擦拭皮肤。
图片作者：Minette Layne

从一些鲸类动物搁浅的航线来看，它们并不是沿着各个地质期的海路，因此，我们也可以排除动物追寻古代路线，或者恢复寻找陆地以求安全这两个因素。

据统计，在英国，鲸类动物搁浅，大约2/3发生在倾斜的沙滩上，所以有人认为可能是倾斜的沙滩使鲸类动物声纳回声混乱所致。一位荷兰科学家还研究了133起鲸类的集体死亡事件，发现鲸类遇难的地方大多在低洼的海岸、沙质浅滩、海滨浴场和淤泥的冲积地带。他认为，鲸类游弋前进时会发出一种超声波，然后根据反射的回声来判断方向，而上述地形往往不能很好地将超声波反射回去，这就使鲸不辨方向，盲目乱闯，最后冲上海滩而死。上述假说不能成立，它无法解释发生在英国的另外1/3的鲸类动物搁浅于声纳回声清晰的陡峭岸边的现象；同时，须鲸并不具有齿鲸那样的声纳回声导航和测距系统，可是它们确实也搁浅了。

日本宫崎医科大学的森满保教授曾解剖了集体“自杀”的海豚8头，发现都是寄生虫使其听神经发生了病变。两位英国科学家解剖了几十头“自杀”身亡的鲸，也发现它们的耳朵里有一种长2.5厘米的寄生虫。因此，这三位科学家都认为一些鲸类动物可能因感染了寄生虫，或者脑部受损，妨碍接收超声波，造成了一幕幕搁浅悲剧。但是著名鲸类学家玛格丽特·克利诺斯卡对此提出疑问：“另一些没有寄生虫传染的鲸类动物却同样搁浅遇难了，这又怎样解释呢？”

据观察，加拿大停止捕猎巨头鲸后，这种动物搁浅数量明显增加了。为此，有人提出了“聚居压力”导致鲸类动物搁浅的假说。1900年，在英国和爱尔兰停止捕杀鲸类动物后的鲸类动物搁浅次数，确实比1602年出现的鲸类动物搁浅次数有所增加。但是，由于目前财源紧缺以及很少有人记录观察结果，“聚居压力”这一假说也不能说明问题。

如果将鲸类动物搁浅归因于地震，那么，可以推测搁浅区较非搁浅区更加容易发生地震，但事实上绝非如此。此外，天气状况也不是鲸类动物搁浅的普遍因素。

最新的“搁浅之因”理论

英国科学家通过英国自然历史博物馆保存的英国鲸类动物搁浅记录，经过仔细分析后提出，研究这类动物的导航机制，可以解释全部鲸类动物搁浅的原因。目前，美国至少有两组科学家正在世界其他地区进行类似的探索研究。

鲸类动物虽然能利用电磁场来为自己确定地图和定时器，但是它们不像人类利用指南针那样直接使用地磁场，而是通过判断局部区域地磁场的相对强弱来操纵位置和航线的。地球上的总磁场不是千篇一律的，而是一种宛如“丘陵”和“山谷”的多变地形。在海洋里，总磁场因大陆运动而早已形成一系列几乎平行的丘陵和山谷，鲸类动物便沿着平行于等高线的方向运动。

由于地磁场并非在海滩边终止，而是一直延续到陆地，因此，人们不禁会问：鲸类动物为什么仅仅搁浅于海边？原来，从记录结果表明，发生搁浅的位置其磁力线都垂直于海边。由此看来，鲸类动物搁浅是因为出了航行偏差，犹如发生交通事故，属于误认地图所致。

地磁场

众所周知，地磁场虽然每天以恒定的方式波动，但因太阳活动而存在着不规则的波动，当鲸类动物航行意向因地磁场不规则波动而变得模糊时，它们就有可能发生搁浅。

研究表明，鲸类动物误认地形时距陆地有一定的距离，而后径直沿着错误的航线游行，直至到达岸边，虽然我们不知道鲸类动物在发生搁浅前有几次误认地形得以纠正，但是我们确实了解未经纠正的误认最终必然导致搁浅。据统计，在成千上万的海洋鲸类动物中，发生活动物搁浅只是极少数，这说明它们通常擅长导航，其导航系统十分简单，既无指南针，又无探测磁极的补偿系统，仅有“一张地图”和“一个计时器”。这类动物必须在哺乳期内就跟妈妈熟悉地磁区域，通过不断探险或旅行实践以后，这种导航本领将日臻完善。

在全世界众多的鲸类动物搁浅遇难事件中，为什么常是集体搁浅遇难呢？苏联海洋生物学家们认为，这是鲸群互相关心的结果，一头鲸陷入了浅滩，其他鲸接到求救信号后便前去救援，于是出现了同归于尽的局面。美国动物学家阿·吉·格渥德教授认为，鲸类是一类眷恋性很强的水生哺乳动物，尽管它们常常羞怯到令人惊讶的程度，但仍有足够的勇气去拯救其受害的同伴。美国生物学家拉·沃尔森指出，鲸类具有定向声纳系统，一头鲸遇难，能通过定向声纳系统发出呼救信号，使其他同类迅速赶来，奋力相救，只要有一个同类没有脱险，其他鲸在任何情况下都不忍弃之离去。这是鲸类亿万年种群生活方式所造成的保护同类的本能。

搁浅的预防和营救

当今，虽然预防鲸类动物搁浅的希望十分渺茫，但是搁浅并不危及鲸类动物的灭种。因此，营救鲸类动物搁浅并不是关系到保种问题，而是涉及动物的健康状况。我们有可能在不伤害鲸类动物和救护人员力所能及的条件下，促使个体较小的动物再次浮入海中，获得新生。有时候，一些得到营救的动物，在适宜的环境下能够恢复正常生活，而一旦搁浅动物个体相当庞大且受伤时，或者搁浅地带救护人员难以到达时，那么唯一预防搁浅再次在同地区发生的办法就是需要专

营救搁浅的鲸类。

业人员毁灭现场，以免其他动物可能出于“集体主义精神”而继续前来搁浅。

营救鲸类动物搁浅的方法，大致包括以下几个步骤：

首先是润湿搁浅动物。因为终生生活在海洋里的鲸类动物，一旦离水在海滩上搁浅，身体会很快过热以致皮肤破裂，所以要及时浇洒海水，并用湿润的棉麻布遮盖其身，仅露出鼻孔呼吸。

其次是运输搁浅动物。保持搁浅动物的湿润，并非长久之计，因而附近农庄或城镇应迅速派车装载搁浅动物，把它们运到尽可能近的再次浮水点。这一步骤对活动物集体搁浅来说更为重要。

第三是提起搁浅动物。把搁浅动物运到浅水处后，必须用担架或网兜把它们的躯体小心提起，切不可众人用手抬拎它的鳍或尾部。因为它的身体很重，不注意就会造成伤害。

第四是支撑到搁浅动物能自由游泳。鲸类动物搁浅以后，常常处于昏迷或混乱状态，所以救护人员必须在水中支撑其躯体，直到它恢复平衡并能自由游泳为止。

最受人喜爱的海兽——海豹

冬天的南极寒风凛冽，银装素裹。这里看似纯白一片没有一丝生机，其实却处处涌动着生命之光。有一群海兽就生活在这片冰天雪地里。仔细看看，你会发现冰面上分布着一个个小洞，一个黑黑的鼻尖就从这里伸出。小心，你可能惊扰了一只威德尔海豹的美梦，它正把身体直悬在水中，透过呼吸洞顺畅地呼吸，酣然大睡呢。

南极素有“海豹王国”之称，这里生活着数量庞大的海豹，其实南极到北极，从海水到淡水湖泊中，都有海豹的足迹。

生活在世界各地的海豹性格大不相同。有的像食蟹海豹这样性格温和，只取食磷虾这样的小生物，有的生性凶猛，就像豹型海豹，除了猎食地上跑的企鹅，它们也不放过水里游的鱼，它们还敢偷吃能在天上飞的海鸥。

海豹们的长相也各具特色，象海豹的鼻会膨胀，僧海豹的头形似和尚，带纹海豹身披白色带纹，髯海豹吻部密生笔直粗硬的感觉毛，冠海豹的雄兽头顶鸡冠状的黑皮囊，真是五花八门，无奇不有。

丰富多彩的海豹

海豹之乡

海豹是鳍足类中分布最广的一类动物，从南极到北极，从海水到淡水湖泊中，都有海豹的足迹，尤以南极数量为最多，其次是北冰洋、北大西洋、北太平洋等地。

南极的食蟹海豹

海豹科是鳍足类中的一个大家族，全世界共有 19 种。其中有鼻子能膨胀的象海豹，头形似和尚的僧海豹，身披白色带纹的带纹海豹，体色斑驳的斑海豹，吻部密生笔直粗硬感觉毛的髯海豹，雄兽头上具鸡冠状黑皮囊的冠海豹，真是五花八门。

南极素有“海豹王国”或“海豹之乡”之称。有人估计，目前南极海豹约有 1 340 多万头，也有人估计有 5 000 万 ~ 7 000 万头。分布最密的地方，平均每平方千米能见到 144 头海豹。其中以食蟹海豹数量为最多，占 90% 左右。这种海豹性情温和，食性与众不同，和须鲸相似，虽名曰食蟹海豹，但主要以磷虾为食。豹形海豹正好相反，是一种凶猛的海兽，除了吃鱼和乌贼外，还偷食企鹅、海鸥、海燕等鸟类，甚至会袭击其他海豹。罗斯海豹数量最少，一旦受惊，并不是马上逃跑，而是抬起头部，张开嘴巴，喉部膨胀得大大的，十分引人注目。威德尔海豹冬天在冰下生活，用牙齿在冰上掘洞进行呼吸；在陆地上受惊时，常向一边滚。这四种海豹的生活周期与南极周围的浮冰和固定冰密切相连，所以被称为“南极海豹”。

海豹“方言”

大约在20世纪70年代末或80年代初，美国圣迭戈的哈布斯海洋世界研究所的珍妮特·托马斯，以及加拿大野生动物服务中心的兰·斯特林在南极考察海豹时，发现南极半岛海域的威德尔海豹与麦克默多海峡海域的威德尔海豹发出的声音有明显差异。它们虽然是同一种海豹，但前者只用21种叫声来传送语言信息，而后者却用34种叫声来进行语言交流。即使两者之间有一些共同性的音调，由于海豹生活地区的不同，会出现不同的音响效果。例如南极半岛海域的威德尔海豹，在发出这些音调时，比麦克默多海峡海域的同种海豹发出声音的音调低沉、短促。

此外，南极半岛海域的威德尔海豹，还会发出一些新奇的“结合声”。其中最突出的是一种“镜－像”发声技能，这在麦克默多海峡海域的同种海豹中是听不到的。所谓“镜－像”叫声，仿佛人照镜子一样，先有镜子，然后才照出人像来。最常见的海豹“镜－像”叫声，可以分为以下两类：一类是在海豹前一个声音低落时，后一个声音立即升起；另一类是这种叫声由两个短句组成，前一个短句渐慢，后一个短句渐快，而每个短句由重复的连续节奏音构成。

根据托马斯和斯特林的研究，威德尔海豹还具有“创新”和“保守”两重性。在同一个海域中，一些海豹能不断地发出新的声音，例如像针尖摩擦的叫声，周围的另一些海豹不但会马上学习，而且很快就学会。可是，这种海豹又十分保守，只学习本地区的同种海豹的创新语言，严格抵制外来语言对自己方言的影响。

海豹能够听到声音，也能发出声音。
图片作者：cyfer13

海豹睡眠

生活在亚南极地区的象海豹，在陆上时常常喜欢成群地聚集在海岸边的泥泞洼地处，分小群挤成一堆，头部竖起，彼此靠拢睡觉，形如一个活的“金字塔”。

所以人们只要发现象海豹群中出现许多“金字塔”时，就知晓它们正在睡觉。

象海豹在水里是不是能像海豚类那样睡觉呢？英国动物学家希拉里·波伍教授在《动物世界》一书中，为我们作了科学而有趣的回答：“象海豹一到水里，虽然行动自如，游潜十分迅速，有时甚至在水中翻滚，但它们有时也待在水里不动地打起瞌睡，当然时间不能很长，一般不超过15分钟就要到水面上呼吸空气，否则会窒息死去。”

威德尔海豹生活在南极海洋岸周围，冬天的南极海域被厚厚的冰块覆盖，它们只好睡在冰下。为了呼吸，它们在冰下寻找裂冰处作为呼吸洞；如果找不到的话，它们就用牙齿在冰上破洞，身体垂直悬在水中，鼻尖露出冰上以进行呼吸。这一可爱的姿势，好似一只“装饰瓶”，因而有海豹“装饰瓶状睡眠”一说。其他海豹和海象也以此方式睡眠。

海豹在水中游一段时间，就要到水面上呼吸空气。
图片作者：changehali

海豹的亲娘与养母

爱仔如命

海洋生物学家在长期观察中发现：海豹行动时，旁若无人，显得拘谨刻板；即使是在数目众多的群体内，相互之间也不会形成社会关系；它们活动时，我行我素，而且极端自私，从不关心同伙的利益，有时还会相互争咬。可是，母海豹对自己的儿女的态度就截然不同了，它们爱仔如命，护仔有方。

春暖花开，格陵兰海域虽然还是一片北国风光，但春风推波助澜，一块块大浮冰随风漂荡，这正是这个地区小海豹即将降生的天然“温床”。怀孕期满的母海豹用尽力气爬上一块大浮冰，在朔风中产下一头 10 千克左右重的小海豹。母海豹生怕小海豹挨饿，每天要喂奶 7 ~ 10 次，所以小海豹长得很快。

母海豹产仔以后，不是在精心护理小海豹，便是在浮冰周围游动瞭望，甚至将自己的头部搁在冰块边缘与小海豹亲热地接吻。小海豹浑身长着白色绒毛，厚密的绒毛既可以抗御寒冷，又是巧妙的伪装。小海豹卧在浮冰上，衬以白冰为背景，远看像冰，近视似雪，所以不易被北极熊那样凶恶的敌兽发现，显得比较安全。

我国海域有斑海豹（又叫海豹）和髯海豹两种，以前者数量较多。

斑海豹母仔的眷恋性很重。虽然小海豹已经换去了身上的白色绒毛，几乎长得与妈妈一样大，但是它仍旧与妈妈一起外出活动，在沿岸岩石上依然与妈妈头靠头地睡，形影不离。

海豹母子
图片作者：Visit Greenland

海豹既有很好的听觉，又有敏锐的嗅觉和视觉。它们的眼睛很大，能看清水里的东西，也能看清空中的物体。当母海豹发现危险时，立即将浮冰上的小海豹推下水去，然后自己再跳水潜逃。有的母海豹事先在它们栖息的冰块上穿一个大洞，以便在急需时随时带小海豹由洞里出逃。有时情况紧急，来不及将小海豹推下水去，而且事先又没有在浮冰上打个洞，此刻母海豹便会急中生智，突然将身体一弹，腾空跃起，用自己肥胖身体的重力将冰块砸破，“一家人”共同落水而逃。

猎手们到浮冰上捕捉小海豹时，如果母海豹先逃到水里，它会探头在水外四处张望,见小海豹被擒,它会不顾自己的安危,紧紧跟踪不放,甚至还对人进行袭击,抢夺小海豹。这一方法，对付缺乏经验的猎人往往有效，他们一见母海豹袭来，往往会在惊慌失措中放掉小海豹。所以，有经验的猎手在逮住小海豹后，就拔腿离开浮冰向船上跑去。因为此刻母海豹失仔性凶，充满杀气，猎手跑迟了会遭其攻击。

海豹养母

在过去的两个世纪里，海豹几乎濒临灭绝的边缘。目前，尽管大多数海豹相当健壮,但由于人类和它们竞争食物(鱼、虾、蟹和贝类)以及过度利用海洋资源(滥捕海豹)，其前景不容乐观。即便如此，海豹能够拥有的最佳伙伴乃是受过教育的人类社会。今天，世界上不少国家规定禁捕或限捕海豹，我国已将海豹列为二级保护动物，但做得最出色的当推荷兰了。

荷兰北部沃登海里的海豹，正面临着三大灾难：一是猎人任意捕杀；二是海水严重污染；三是海豹瘟热症流行。眼看这种珍稀动物处于濒临灭绝的紧急关头，伦尼·哈特女士挺身而出，在沃登海旁的彼得布伦地区创建起一个海豹保护所，积极投入营救工作。

历史上，人们一度大肆杀戮海豹。

这个海豹保护所是全心全意为海豹服务的，所有工作人员都非常关心这项事业。他们收养失去亲生“父母”的海豹孤儿；他们饲养受到污染威胁的海豹；他们医治受瘟热症袭击的病海豹。据估计，目前沃登海中的海豹，大约有 20% 生活在保护所里。

哈特女士通过荷兰电台、电视台向国内外宣告：“目前海豹保护所已经饲养着数百上千只海豹，我愿终生当海豹养母，直到沃登海污染改善，恢复正常，让这些失去家园的海豹重新返回大海为止。”

海豹探望救命人

1989 年，一只小海豹在苏格兰的一个小岛上嬉戏时，不慎被渔网缠住了。它拼命地挣扎着，最终弄得遍体鳞伤，鲜血淋淋。正在它奄奄一息的时候，幸被岛上的旅馆老板摩根女士发现，她细心地为它拉开渔网，然后抱回家里，给它治伤，喂它食物，还为它取名“小添”。

在摩根女士的悉心照料下，小添慢慢地康复，胃口也越来越好，还与摩根女士家里的一条小狗“拜思”交上了朋友，建立起深厚的感情。6 个星期以后，摩根女士见小添的伤势已经痊愈，同时考虑到海豹主要生活在水中，长期待在陆上对小添生长不利，便将它放归大海。时间一久，摩根女士也就逐渐淡忘了这件事。

万万没有想到，一年后的一个清晨，当摩根女士推开大门时，竟发现那只海豹躺在门前石阶上。小添一见到这位救命恩人，马上流露出欣喜若狂的神态，兴奋得不停地拍动两只前肢，而且嘴里还发出愉快的叫声，似乎在向摩根女士示意：“我来探望你这位大恩人，心里感到非常高兴。”此刻，摩根女士也十分激动，将小海豹抱进家中，还像欢迎久别重逢的亲友一样设“宴”招待了它，而后将它送回大海。

港海豹非常受人喜爱。

看来，海豹不仅记忆力很强，而且还富有人情味呢！

遁世的“活化石”——夏威夷僧海豹

有“活化石”之称

世界上共有3种僧海豹：夏威夷僧海豹；僧海豹，又名地中海僧海豹；西印度僧海豹，又名加勒比海僧海豹。令人忧虑的是：加勒比海僧海豹自19世纪50年代被发现以后，一直未再见其踪影，有人怀疑这种僧海豹已向人类告别了；地中海僧海豹曾经数量较多，但今天已处于濒危状态，估计最多还有500多头。夏威夷僧海豹的处境也不妙，大约尚存1 500头，目前西太平洋地区渔业管理委员会正在采取措施加以保护。

虽然3种僧海豹的祖先生活在北大西洋，但是在热带海洋中也有发现。至少在1 500万年以前，夏威夷僧海豹已从它的祖先——大西洋种类中分离出来，进入了太平洋。从那时起，尽管种类发生了一点变化，但仍保留了祖先的许多解剖学特征，因此夏威夷僧海豹被称为“活化石”。3种僧海豹在各自分头进化的同时，都保持了一个共同的特点：在没有大型肉食动物的栖息地中生存。因此，那些没有怀孕和喂奶的僧海豹无须作出逃跑的反应，也没有必要防范其他动物（包括来自陆地的不友好的人）。科学家把这一缺乏反抗能力的特点称为“遗传驯服”，这种特点导致所有3种僧海豹的衰落。

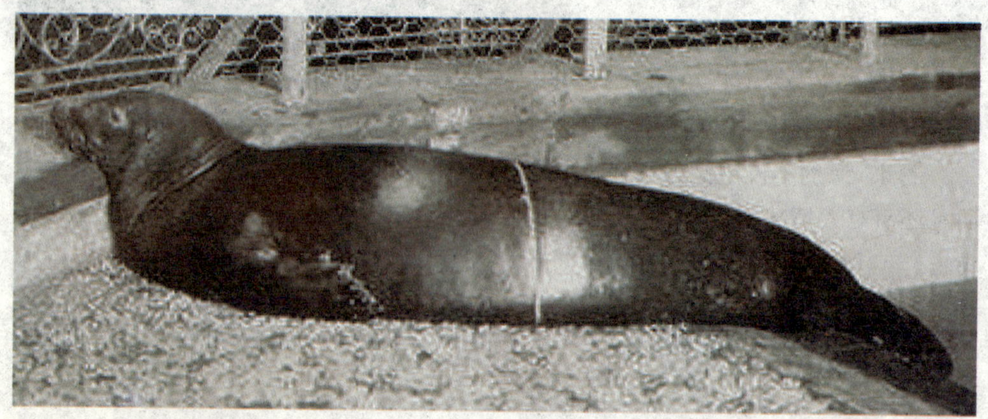

加勒比海僧海豹可能已经灭绝。

雄性的“群袭行为”

每当交配季节，几头到20多头雄僧海豹聚在一起，成群结队地向雌僧海豹挑衅和袭击，经常伤害或杀死雌僧海豹，这就是科学家所说的“群袭行为”。

在动物王国里，多数种类的雄性向雌性求爱时总是表现出温柔的姿态，绝少粗野的动作，而雄僧海豹为什么有群袭行为呢？据科学家在利相斯基岛和莱桑岛调查，发现这两处僧海豹的雌雄比例为1:2或1:3，雄性占优势。他们推测，群袭行为可能是雄僧海豹的一种求偶交配战术，若它们单独接近一只雌性，通常会被驱赶走。

在夏威夷海域，一头雄僧海豹向一头正在抚养幼仔的母僧海豹赶来，企图交配。而母僧海豹张开嘴巴，向雄僧海豹的头部猛击，迫使它步步后退，雄僧海豹用前面的鳍状肢抵挡母僧海豹的进攻，但每次都被母僧海豹抛到深水处，迫使它只好放弃追求雌性的念头，最后灰溜溜地离开。可见，若不采取群袭行动，雄僧海豹要接近雌性是何等困难！

母仔悠闲的晚会

夏威夷僧海豹母仔特别喜爱晚上到拍岸的波浪中游泳。它们在那里长时间地游泳，一般腹部朝下取正常游姿，有时也会腹部朝上做一段仰泳，游耍一阵以后，它们慢慢爬上海滩。母海豹在前带路，仔海豹随后紧跟，一路上前呼后应，联系不断。

海豹的圆眼睛很灵活。

经过一段艰难的沙滩旅行以后，母海豹摇摇晃晃地爬到草海的桐树下面，侧身躺下，露出米黄色的腹部和4只奶头。仔海豹吃了一会儿奶，仰卧在地，鳍状肢交叉在腹上，小猫似的打起瞌睡来，过不太久，仔海豹醒了，爬向妈妈的脸部，在它颏下蠕动，满足地伸伸懒腰。它们相互亲热，发出轻微哼声，母海豹用自己的下巴抚弄仔海豹的背部。此时一只信天翁（大型海鸟）摇摇晃晃地走上来，企图用尖嘴啄仔海豹。正当它即将发起进攻之时，母海豹突然大吼起来，把信天翁吓得只好夹着尾巴飞逃了事。

仔海豹待在妈妈的颏下，背着地，再次与妈妈亲切拥抱。它半张着小嘴，露出满意的笑容；这一笑，将其粉红色的咽喉暴露无遗。母海豹两眼瞧着可爱的仔海豹，似乎在说：一个多么悠闲的晚会！

不幸中之大幸

夏威夷僧海豹喜欢栖息在沙滩上。

夏威夷僧海豹虽于1976年被列为濒危动物，但比起其他两种僧海豹来，处境要好多了。

夏威夷僧海豹主要分布在夏威夷西北部的偏僻地区。它们的栖息地包括库雷岛、中途岛和尼华岛，其中库雷岛是夏威夷州鸟兽禁猎区的一部分，中途岛是美国海军的管辖区，从尼华岛到中途岛这一地带则属于美国联邦政府夏威夷群岛国家野生动物保护区的一部分；所以夏威夷僧海豹好像置身在一只大保险箱里，过着遁世的生活。

数量稀少的主要原因

美国海洋生物学家认为，夏威夷僧海豹数量锐减主要有三个原因：

一是雄海豹的攻击。海豹母仔在水中游玩时，常常受到雄海豹的攻击。年幼的海豹被雄海豹咬伤后，伤口经常发炎感染，有时甚至死于创伤；同时，伤口出血，又会引来大鲨鱼的袭击。

二是母海豹老龄化。母海豹渐渐地年老，丧失了生育能力，而年幼的雌海豹因受到雄海豹的袭击，死亡率极高，无法正常传代，形成繁殖断层。

三是鱼肉中毒。由于海水污染鱼类，鱼类感染了一种产生病毒的海洋原生动物，海豹吃了这些带病毒的鱼类后，体内累积了大量毒素，可能中毒而死。

四大挽救措施

休息在岸边的夏威夷僧海豹
图片作者：Andrew Danielson

为了恢复夏威夷僧海豹的种群数量，美国主管部门采取了四大挽救措施：

第一，建立保护区。除研究和保护人员外，严禁任何人进入保护区。

第二，围栏保护幼雌海豹。在海滩上筑起一个930余平方米的大围栏，每年春天，雌性幼海豹一断奶，保护小组成员就把它们逮住，放养在围栏中，直至9月，因为在这段时间里，它们最易遭到雄海豹和鲨鱼的袭击。

第三，控制雄海豹性冲动。雄海豹的群袭行为是因性冲动而引起的。科学家试用一种药剂，减少其性冲动，使其不参加群袭行为。

第四，打防疫针。将一种新疫苗注射到夏威夷僧海豹身上，可以增强对食鱼肉中毒的免疫能力。

通过上述措施，恢复夏威夷僧海豹的种群数量，已经初见成效。

被错当鲸的冠海豹

最罕见的鳍足动物

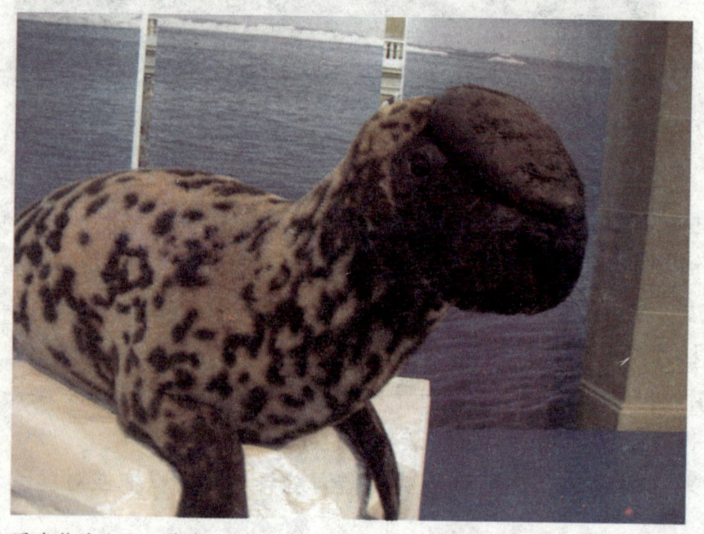
冠海豹的头上仿佛戴了顶黑帽子。

在 19 种海豹里，冠海豹是一种最鲜为人知的鳍足目动物。过去人们一直误认为它是一种鲸（鲸类与鳍足类是明显不同的两类动物），直到 20 世纪 70 年代才确认它是一种海豹。因为这种动物的雄性头上有一个黑色的皮囊，乍一望去宛如戴了一顶黑色的帽子，又似鸡冠的形状，所以得名“冠海豹”。

雌雄冠海豹全身覆盖着一层烟蓝灰色的绒毛，其中夹杂着一些排列不规则的黑色斑纹。雄冠海豹的身体可长达 2.4 米，体重近 295 千克；雌冠海豹较小，体长近 2.1 米，体重平均为 159 千克，但到了分娩前期可以猛增到 182 千克。总之，冠海豹是一种大型海豹，估计现存总数约 50 万头。

在浮冰上经受风险

目前，大约有 65 000 头成熟的雌冠海豹，栖息于加拿大巴芬岛与丹麦格陵兰岛之间的戴维斯海峡。每年 3 月底至 4 月初，雌冠海豹在大浮冰中游泳，准备物色地盘产仔。随着天气转暖和春季暴风雨的降临，整个冰块迅速断裂成为一块块不稳定的小冰块，因此，母冠海豹和产下的幼冠海豹随着这些小浮冰不断漂移，每天行程达 32 ~ 43 千米。

当然，在浮冰上历经风险的冠海豹母仔也有幸运的一面，因为，像北极熊这样凶猛的肉食动物是很少光顾这些区域的，冠海豹能够安然无恙地产仔，幼仔也能较好地生存下来。

只需 4 天的哺乳期

美国动物学家唐·鲍恩的研究表明，在所有哺乳动物中，冠海豹的哺乳期最短，只需要 4 天时间，幼冠海豹平均每天可以增加体重约 6.8 千克。为了完成这一生物界的奇迹，它们每天需要吮吸 7.7 ~ 9.1 千克的高脂肪乳汁。

幼冠海豹身披一层短绒毛。

在 4 天的哺乳期里，幼冠海豹吸奶频繁，发育也快。一头饥肠辘辘的幼冠海豹会大叫大喊地投向母冠海豹的怀抱，而后狼吞虎咽地吮吸着母乳。持续大约 10 分钟后，它们便停止吮吸，在轻声叹息中打着呵欠安然入睡。大约 10 分钟之后，它们又苏醒过来，依偎着母冠海豹继续吃奶。如果不受外界干扰，幼冠海豹便在一生中最重要的头 4 天内紧靠着母冠海豹，吃奶和睡眠交替地进行着。

母冠海豹在 4 天的哺乳期内能量消耗并不太多，但到断奶时，幼冠海豹的体重已猛增到母冠海豹体重的 25%，这对幼仔今后的成长发育至关重要。

哺乳期的好色雄兽

在母冠海豹的 4 天哺乳期里，一些好色的雄冠海豹就开始前来求爱，它们向外伸出一个橘红色的肉质球，这是弹性鼻中的隔膜膨胀所形成的。只见其精力充沛地摇晃片刻后，又“咯吱咯吱”地缩了回去。

许多雄性动物都为博得异性欢心卖力表演。
图片作者：Glen Fergus

在一般情况下，母冠海豹此刻是不会去理睬这些急于求成的“色鬼”的，而雄冠海豹对此也无可奈何，常常是互相之间展开一场凶残打斗，直至头破血流。但是，此刻如果遇上一头雌冠海豹前来观战，它们便会立即停止格斗，并灰溜溜地夹着尾巴逃走。所以科学家曾风趣地说：“雄冠海豹也怕‘老婆’。”

有时候，一头雄冠海豹会耐心地待在一头正在哺乳的母冠海豹的身旁，似乎在期待4天的哺乳期结束。如果这一情景正好被另一头雄冠海豹发现，它就会醋劲大发，头“冠”充气膨胀，十分激动地凝视着对手的求爱行为，时刻准备着冲上去参加争雌格斗。

4天哺乳期结束，一旦幼仔断奶，母冠海豹又会很快春情萌发，与这些求爱者交配，之后，雌雄冠海豹便纷纷远离这些浮冰繁殖场以及那些刚刚断奶的幼冠海豹。

离母幼兽自立门户

冠海豹与其他海豹不同，不喜欢合群，偏爱独居生活，常常分散地栖息于大块浮冰的中央，而每头怀孕的雌冠海豹，则由一头未来充当父亲角色的雄冠海豹前来陪伴。三口（一母、一公和一幼）成一家的时间十分短促，因为幼仔断奶后很快就被遗弃而自立门户。

通常一头母冠海豹仅产一仔。产后大约一个星期，冠海豹双亲便会离去，被留下的这些滚圆滚圆的幼冠海豹则依然躺在浮冰上。由于它们机体内的能量消耗很少，因而只只显得十分肥胖。直到这些浮冰断裂，它们才迫不得已地离开了出

冠海豹喜欢栖息在大块的浮冰上。
图片作者：Nomadic Lass

生地。起初，它们每天体重减轻 1.4 千克，接着每天减轻 0.5 千克。由于海洋里各种甲壳动物都富含脂肪和蛋白质，这些幼冠海豹没过多久便可终日饱食这些食物了。

最大的鳍足类动物——象海豹

鳍足类之王

象海豹的鼻子很奇特。

全世界有两种象海豹：一种叫南象海豹，主要生活在南极乔治亚岛、印度洋的克尔盖伦群岛、南太平洋的马阔里岛等地，最大者体长有6.5米、体重达3 650千克；另一种叫北象海豹，生活在北美洲的西海岸，从阿拉斯加南部穿过加利福尼亚海岸，抵达加拉帕戈斯群岛，最大者体重竟达到了4 000千克。过去，许多人总认为海豹、海狮与海象相比，应该说是“小个子”。其实不然，一头公海象只不过4米左右长、1 500千克上下重，怎能比得上象海豹重呢！所以，象海豹不仅是已知19种海豹中的体重冠军，而且还是世界上最大的鳍足类动物。

象海豹的鼻子十分特殊，像鸡冠一样，且能随着身体的增大而长大，有的象海豹的鼻子可长达40厘米，与陆地上大象鼻子有些相似，当兴奋或发怒时，它们的鼻子还会充血膨胀起来，发出很响的声音，故得名“象海豹”。

判若两种动物

象海豹不仅身躯巨大，体态臃肿，而且外貌丑陋，体色欠雅，黄褐色中杂以灰色，看上去污秽不堪。乍一望去，犹如一个“土丘”。象海豹本来就是一副肮脏相，却又不爱干净。每年换毛时节，它们成群地挤在有苔藓植物的岸边泥坑中，这里虽然臭气冲天，但是它们却都愿意在那里消磨时光，只将鼻孔露出水面。

象海豹的前后脚都呈鳍状，但后脚不能朝前弯曲，所以在陆地上不能行走，仅靠前鳍状脚匍匐爬行，显得十分笨拙迟缓，令人发笑。当它们躺卧在海滩上的时候，神态倦怠。因而有“海中怪兽”之称。

象海豹一旦进入海洋世界，不论是游泳、捕食、玩乐、嬉戏，都异常灵活。象海豹主要捕食乌贼、章鱼等头足类动物，也吃硬骨鱼，偶尔也补充一些鲨鱼、鳐鱼和银鲛等软骨鱼。

争雌格斗

象海豹的生活习性也十分有趣，一群中不能有两雄，否则两雄会展开激烈的争雌格斗。一头壮年雄兽，平均占有 21 头雌兽，多的可达 40 ~ 50 头，而且长期伴随，真是动物王国里“一夫多妻”的典型。

每当繁殖季节来临，成年雄兽先从海洋上到陆地，物色一个满意的地盘。过几个星期以后，雌兽纷纷上岸，与雄兽组成一个生殖群。占统治地位的雄兽站立、守卫在它的“妻妾”之中。此时，雄兽十分激昂，长鼻充血，显得格外膨大和突出，并发出“隆隆”的吼叫声，以此来警告欲侵入其地盘的其他雄兽。

偶尔，也有一些精力旺盛的年轻雄兽闯入，于是格斗开始了。先是双方怒吼，吼声十分洪亮，在 500 米之外也可听到。一般是占有雌群的雄兽先挺起前身，靠后肢牢固地支撑躯体，然后施展全力，用脖颈和肩膀向入侵者冲撞，同时用尖

搏斗中的两只雄性象海豹
图片作者：“Mike” Michael L.Baird

利的犬齿刺击对手。而入侵者也不示弱，以同样架势回击。如果双方力量相差无几，格斗更为凶猛，此时沿岸的海水翻滚，景象罕见。格斗可以持续数分钟，甚至更长的时间，在场的雌兽只是瞧着，绝不会助战。虽然败兽（通常是较年轻的入侵雄兽）已经让步或退逃，但是得胜者却仍不罢休，乘胜追击。在追击时，雄兽怒火冲天，不顾一切地直穿兽群，任意践踏和挤压雌兽和幼兽。

象海豹的激烈格斗，绝大多数仅伤害多脂肪的颈部和肩部，或偶尔伤及眼窝和易受击的长鼻子，因而死亡极少。一些年老体弱的雄兽，力不从心，所以无法再建立起自己的生殖群，只好退居于海滩后的池塘休息，或者在生殖群边缘闲逛和游荡，显得非常孤独。

生儿育女

雌雄象海豹交配以后，雌兽对雄兽就十分冷淡，在海滩上逐渐四处分散，然后陆续入海觅食；而雄兽继续在海滩上守卫地盘，直至配偶全部离开后才下海。奇怪的是，虽然孕兽只有 9 个月的妊娠期，但它们都要过 11 个月才能产仔。这一现象，动物学上叫做“延缓植入”。目前人们尚不清楚它的机制。“延缓植入”并非象海豹独有，在貂、鼬和其他一些海洋动物中也同样存在。

美国海兽研究专家杰拉尔德·卡罗尔博士在瓜达卢佩群岛考察到：每年 12 月初至来年 3 月中旬是北象海豹的繁殖季节。在 1981 ~ 1982 年的这个季节里，大约有 1 400 头仔兽产于该群岛。每头母兽只产一仔。刚生下的仔兽浑身黑毛，平均每头重约 39 千克。象海豹奶所含乳脂高达55%，是育仔的最佳营养品。因此 11 天后，仔兽体重增加 1 倍；满月时，体重可增加 4 倍，平均每天约增加 4.5 千克。

一只年幼的象海豹
图片作者：Serge Ouachée

仔兽满月后，母兽就给它们断奶。断奶后的仔兽集合在一起，沿着海岸线在潮间带水坑里活动，它们脱去全身的黑毛，换上与成年兽相似的柔软、灰色的毛。仔兽在断奶期间，常常会显露出十分难受的样子，不时地向母兽讨奶吃，而母兽却拒之不给。这并非妈妈“狠心”，因为它们又要与雄兽结合，繁殖后代，所以仔兽必须自力更生。每年 5 月，在瓜达卢佩群岛附近的海域里，人们可以看到许多幼年象海豹在捕食鱼类，还常常露出头部呼吸空气。

资源保护

长期以来，象海豹资源一直十分丰富。可是到了 18 世纪初期，由于机械工业的迅猛发展，象海豹炼油工业也相继建立，因为从一头成年的雄象海豹身上的脂肪中，可以提炼出 200 多加仑（1 加仑＝ 4.5461 升）的海豹油，而且油的质量优于鲸油，最适用于机械滑润之用。人们为了用象海豹身上的油，开始对这些动物进行大捕大猎，以致象海豹资源受到严重破坏。到了 18 世纪 60 年代，估计南象海豹幸存 60 万 ~ 70 万头，北象海豹残存 100 头，而且仅限于瓜达卢佩群岛周围，濒临灭绝之地。

之后，象海豹的数量逐年下降，直到 1965 年，许多岛屿相继开始宣布禁止捕猎，并规定控制捕猎的数量，才使南象海豹数量稳定并略有增加。

雄性象海豹和雌性象海豹

自从 1922 年墨西哥政府发布绝对禁捕北象海豹的命令以来，这种海兽的数量略有上升。到了 1930 年，北象海豹又重新在美国海域里出现，当时美国政府立即对它们进行保护。

1957 年，墨西哥和美国联合在北象海豹的老家——瓜达卢佩群岛附近，建立起约 4 平方千米的北象海豹的安全地带，第一批小北象海豹已于 1960 ~ 1961 年在这里生下，如今仅在瓜达卢佩群岛，北象海豹就有 1.0 万 ~ 1.5 万头，而且还扩展到加拉帕戈斯群岛及加利福尼亚海岸的一些岛屿上。所以动物学家们自豪地说："只要我们认真保护象海豹，它们是不会在自然界灭绝的。"

最近，在加利福尼亚沿海的法拉伦岛，有无数头北象海豹上岸，"你挤我拥"，把一个宽敞的海滩弄得水泄不通，造成了世界上第一次象海豹挤死事件。它们的躯体横七竖八地挤压在一起，有的被挤压得粗声嚎叫，有的被压在下面默默地窒息，有的因挣扎过度而半死半活。面对这一景象，海洋生物学家们感叹：象海豹太多了也会带来灾难。

形形色色的海兽们

海洋中除了鲸类家族、海豹家族，还有很多形形色色的海兽生活在这里。有身材魁梧有“海中狮王”美称的北海狮。还有长得像狗又像熊，“家庭观念”很强的海狗。也有伸着两根长牙，皮肤粗糙，模样丑陋却性格温和的海象。还有面容怪异却被远洋水手们误认为“美人鱼”的海牛。

这些海兽为了适应海洋中的环境，都练就了自己独有的生存绝活。

就像北海狮，虽然躯体魁梧、体重出众，却胆小如鼠。它们在陆地上时，即使在睡觉时，也有雄性哨海狮担任警戒，一面倾听着声响，一面嗅着气味，一有风吹草动就发出报警信号，和同伴一起入海溜逃。

就像海狗，虽然只能用四肢在陆地上缓慢前行，可只要进入水中，便立刻灵巧起来，它的潜水本领能让海豚也望而兴叹。

还有海象，在陆地上棕红鲜艳的皮肤，只要一入水就会变成灰白色，来减少热量散发。

海牛则坚守海底，享用着多汁的海藻和水草，吃饱后便席地而卧，悠闲自得。

海狮之王

重达 1 吨

全世界已知的 14 种海狮，大致可分为两类：一类个头较大，体披稀疏刚毛（或称粗毛），没有或极少绒毛，共 5 种，如北海狮、南海狮；另一类个头较小，身上既有刚毛，又有厚而密的绒毛，共 9 种，如生活在北太平洋的海狗。因为它们吼声如狮，有的种类雄性颈部的长毛也像狮子，所以总称为海狮类。海狮类主要有 5 种，除上面已经提到的北海狮、南海狮和海狗之外，还有南美海狮以及分布于澳大利亚西南部沿海的灰海狮。北海狮最为著名，有“海狮王”美称。有人曾对一头成年雄性北海狮做过测定：身长 3.5 米，体重竟达到 1 吨！雌性北海狮个头较小，身长约 2.5 米，体重约 300 千克，其重量还不到雄性的 1/3。

海狮类主要以鱼类、乌贼、贝类为食。而北海狮因身躯粗壮，所以食量很大。在人工饲养的情况下，每头北海狮一天最多要喂 40 千克鱼，一条 1.5 千克的大鱼它可以一口吞下。如果在海洋里，它们进食更多，至少要比人工饲养增加 2 倍，所以对渔业有一定的危害。有时，它们还钻入渔民所设置的网具中偷食鱼类，同时弄坏网具。仅日本一个国家的渔民，每年被北海狮破坏的渔获资源和渔具平均价值，就达 8 000 多万美元。

全世界有 14 种海狮，图中为加拉帕格斯海狮。
图片作者：Charlesjsharp

北海狮分布于北太平洋，从加利福尼亚至阿拉斯加、堪察加沿海，后来在我国海域中也捕到过，并被列为我国国家二级保护动物。

胆小如鼠

北海狮虽然躯体魁梧、体重出众，但却胆小如鼠。它们在陆地上时，一有风吹草动就纷纷入海溜逃。即使在睡觉时，也有雄性哨海狮担任警戒。哨海狮十分认真负责，它们抬着头，一面倾听着声响，一面嗅着气味，一旦发现异常或危险，立即发出报警信号，告知同伙一起逃离。

海洋生物学家在实地考察时，曾做过一个有趣的试验，把一支带有麻醉剂的箭，从隐蔽处向哨海狮射去。中箭的哨海狮呻吟数声就倒了下来，其他雄性北海狮闻讯跑了过来。它们一嗅到箭柄，便突然吼叫起来，睡意正浓的众海狮也随之一哄而起，争先恐后地向海里逃去。据海洋生物学家推测，它们是嗅到了箭柄上留下的人的气味，才发出警报的。过不太久，外逃的北海狮们见四周没有什么动静，便陆续返回岸上，横七竖八地躺下。这时，海洋生物学家又射出一箭，不过这次在箭柄上涂了一层海狮粪。结果，闻讯赶来的其他北海狮，经过一番“调查”，嗅不出人体的气味，感到没有什么可疑情况，也就默不作声，仍然高枕无忧地安心大睡去了。

骨肉情深

雌性北海狮与其他海狮一样，必须上岸产仔。通常是一胎一仔，双胞胎现象很少。母兽产下幼仔后，总是和自己的仔兽待在一起，每对母仔分散在繁殖场的各个地方。如果母兽要移动地方，它会像老猫衔小猫那样将仔兽衔在嘴里带走。

海狮一家三口。
图片作者：Eliezg

幼兽出世后大约5个星期，母兽离开幼兽下海觅食。此时，它们本来胃口就好，再加上饥饿和喂乳，所以一到海里就拼命觅食，大吃特吃。

通常，海狮类哺乳次数

海狮头部
图片作者：Brian Gratwicke

不多，如北海狮每隔2天至3天一次，最长9天才哺乳一次，但它们的奶汁质量很高，不仅量多，而且含脂肪达50%以上，可以补偿哺乳次数少的不足，因而幼仔生长很快。

在海狮的繁殖场上，海狮群比比皆是，海狮声此起彼伏，震耳欲聋。在这样的环境里，母海狮觅食回来是怎样找到自己的儿女呢？原来，海狮母仔的声音彼此十分熟悉，即使相距很远也能辨别出来。据海洋生物学家实地观察，母海狮返回其仔海狮的栖息地后，先是连声高叫，召唤着小海狮。小海狮一听到母海狮的召唤声后，也会高声答应，并急切地向母海狮叫声的方向移动。海狮的后肢能向前弯曲，能够在陆地上灵活行走，不像海豹的后肢是横向后伸，不能朝前弯曲。母海狮听到小海狮回答后，也朝这里加快步伐。当它们彼此靠近后，除了用声音继续交流联系外，再辅以嗅觉，彼此嗅嗅对方身上的气味（海狮与人类一样，个体身上的气味有微差），甚至鼻子对鼻子地闻一闻，仿佛是母子久别重逢时的亲吻一样。当确认无疑后，母海狮才开始喂奶。

母海狮对自己的亲生儿女关怀备至，而对同伙的儿女却残酷无情，不但不代为哺乳，而且还要投石下井。有的母海狮下海觅食时间较长，小海狮饿得大叫，此刻，在场的其他母海狮不但不给奶吃，还会厌烦而恐吓威胁，甚至用牙咬起小海狮，把这可怜的孩子抛向远处。这时，如果正巧被受欺侮的小海狮妈妈发现，两只母海狮之间就会展开一场格斗。大海狮打架时，也会拿对方的子女出气。有人目击，一头北海狮在格斗时，将对方的小海狮从崖上扔下去，此刻，争斗突然中止，心急如焚的母海狮急切地探视崖下，当发现小海狮在下边的礁石上安然无恙时，它会沿着几乎垂直的陡坡笔直滑下去，对小海狮百般抚慰，还给它喂奶。小海狮过3年至5年后性成熟，寿命可达30年。

富有智慧的南海狮

杂耍明星

加利福尼亚海狮
图片作者：Calibas

上海动物园的南海狮顶球表演，真是精彩极了。当饲养员把一个如篮球大小的彩色球远远向它抛去时，南海狮立即探头水外，像熟练的杂技演员一样，用鼻尖接住飞来的彩色球。更为精彩的是，那南海狮演员还会用“功”，使彩色球在鼻尖上快速旋转，或者“噗”的一下把球弹向空中，球落下来后又不偏不倚地恰好落在鼻子上，连续数次都不会失落，好像鼻子具有吸力似的。所以，人们称南海狮为“顶球能手”。此外，南海狮还会用后鳍肢站立起来，或用前鳍肢支撑着身体做倒立走路，也能腾跃跳过离水面 1.5 米高的绳子，甚至用前鳍肢“鼓掌”。而且这些技艺一旦学会，过 2 年至 3 年后还能照样表演出来，可见南海狮的记忆力是相当好的。

人们一向认为，在哺乳动物中南海狮和猴子都是出名的杂耍明星。南海狮的这一身过硬表演本领是怎样获得的呢？动物园的训练人员说：海狮嘴馋贪食，一见到鱼和乌贼就垂涎欲滴。我们利用海狮的这一习性，在训练节目中见它们动作做对了，就及时奖给它们好吃的食物，做错了或不认真做，就不给食物吃。这样，久而久之，海狮的脑子里形成了一种表演与食物相结合的条件反射——表演好有食吃，不表演或表演差不得食。

打捞火箭

大海茫茫，人们要在海底寻找珍贵物品有多么艰难！潜水员在浅海还有用武之地，可在深海中就困难了。美国海军特种部队对南海狮进行训练，让它们去完成潜水员难以完成的海底打捞任务。训练打捞的原理与训练表演基本相同，不过前者更为复杂，需要分几步进行：第一步是让南海狮习惯于囚禁生活，允许训练人员任意抚摸，这是为以后各种训练打下基础；第二步是在南海狮的头上戴上“鞍辔”，这样才能像牵狗一样把它领到预期的地方进行各种训练项目；第三步是给南海狮戴上“口套”，这是防止它在执行任务途中去捕鱼吃，同时便于在口套上安装抓取装置；第四步是训练南海狮去水中寻找标志物。此外，为了防止南海狮在执行任务过程中开“小差”，在受过训练的南海狮身上系上一根安全绳和一个能自动充气的浮标。一旦南海狮长时间不归来，浮标里面的硼酸和氯化钠就发生分解，产生气体，使浮标充气膨胀，从而及时发现它的踪迹。

美国海军特种部队中的一头训练有素的南海狮，在一次任务中工作得很出色。在海洋上，一艘驱逐舰发射的反潜火箭呼啸地飞掠而过，最后消失在远方的海水中。等待在附近海域的一艘载着南海狮的快艇立即朝目的地快速驶去。南海狮在现场一听到目标发出的声音，就轻巧地潜入水下，向目标游去。当它发现火箭尾部的条纹后，就对准目标，自动打开开关，让两个戴在吻部的“U”形爪衔接起来，紧紧扣住火箭的尾部。爪的后部系有一条尼龙绳，将火箭拖出水面。

打捞海底火箭的任务完成了，南海狮就跃上船去，等待给它的报酬。人们付给它的报酬极微，只值几角钱的鱼片，却换取了价值10万美元的火箭，而且前后只用了一分半钟的时间。现在，这头南海狮已由美国海军将它编进近岸作战部队名册中，用来代替海军潜水员。

陌生的南美海狮

威武的南美海狮王

南美海狮与我们熟悉的、会顶球的南海狮（又名加利福尼亚海狮、黑海狮）不同，一头巨大的雄南美海狮体重可达到450千克，比雌南美海狮大3至5倍，一头雄南美海狮可以不费吹灰之力，把一头90千克重的雌海狮凌空抛起，就像扔一只毛皮袋那样轻松自如。

南美海狮站立的姿态很优美。
图片作者：Vince Smith

虎鲸的凶杀

近年来人们已经不再捕捉虎鲸，因此，虎鲸的数量上升，这给南美海狮带来了很大的威胁，几乎天天有一些南美海狮被虎鲸果腹。

有时候，成群的南美海狮正在海面上雀跃戏水，游泳觅食，不料一头凶恶的虎鲸窜了进来，此刻，往往是南美海狮亡命而逃，虎鲸紧紧尾追。另一些时候，全群数十头虎鲸一起出击，冲入南美海狮群中，顿时海面像开锅似的沸腾起来，刹那间血染碧海，兽尸遍布，

南美海狮很健壮，但要是在海里遇到虎鲸也要亡命而逃。
图片作者：Brocken Inaglory

整个南美海狮群被这些海中刽子手杀戮灭绝。有人还目击，一个南美海狮群在岩礁或浮冰上晒太阳取暖时，虎鲸见了也不放过，千方百计地驱使它们纷纷下水，然后再趁机捕食。有时，虎鲸还会使用诡计，它们腹部朝天，一动也不动地漂浮在海面上，好像一只搁浅的小船，犹如一具鲸尸，以此来欺骗南美海狮自动“上钩”。一些缺乏经验的年幼南美海狮往往因此而落入虎鲸的血盆大口之中。

最好的标记

曾有人用麻醉枪射倒一头南美海狮，准备给它做标记，可是当人接近它时，整个南美海狮群混乱起来，雌南美海狮受到惊吓后冲入海中，幼南美海狮四处奔跳，其他的雄南美海狮则聚集在一起，随时准备袭击来犯者，使人们无从下手。此外，繁殖场所受到干扰之后，南美海狮就不会再来原地生活了。后来，加利福尼亚大学的世界著名海豹专家伯尼·莱皮夫建议，用气枪向南美海狮射击一种特殊的子弹进行标记。这种子弹里面装有颜料，这些颜料在南美海狮皮毛上可以保持大约 6 个星期，即使受到摩擦也不会褪色。对每头南美海狮，采用不同颜色的子弹作为标记，这样可以把每头南美海狮一一区别开来，有利于研究。

由于这种气枪子弹射速不快，射程很近，所以人们在发射时容易被南美海狮发觉，因此，必须在狂风猛刮的天气，或者在晚上偷偷地走近南美海狮群发射，这样可以有效地隐蔽自己，不被它们发觉。

一雄多雌的生殖群

每年一到繁殖季节，雄南美海狮便组成一雄多雌的生殖群。年富力强的雄南美海狮首先到达海岸上、岩石上寻找繁殖场所。一般是强者占据较好的地盘，弱者只好待强者选定后再确定自己的地盘。繁殖场所选好之后，大约过一周时间，雌南美海狮陆续登陆。上陆后，它们自由结合，分别进入雄南美海狮的占领区。通常，个头大的雄南美海狮占有较多的配偶，它的交配次数较多，产下的后代也较多。南美海狮和南海狮不同，一头雄南美海狮只占有 2 头至 4 头雌南美海狮，建立一个生殖群。一个个生殖

南美海狮家庭
图片作者：Mirko Thiessen

群互相挤在一起生活，彼此很少发生冲突。

在一般情况下，当一个生殖群建立起来以后，雌南美海狮是不会擅自离开自己的群体的。

南美海狮和许多其他哺乳动物一样，没有终生“夫妻”，一到繁殖期结束，整个生殖群就拆散，它们各顾各的，纷纷下海四处觅食。

绑架和混战

刚出生不久的小南美海狮是黑色的，慢慢地，它们的毛色会变成褐色。
图片作者：Killy Ridols

在南美洲的海边，狂风暴雨特别多，常常一天可以出现三次，造成生殖群中雌南美海狮，甚至整个南美海狮群溃散分离。这时，一些单身汉雄南美海狮便可乘机与雌南美海狮交配了。也有一些单身汉雄南美海狮专门绑架幼南美海狮，因为绑架幼南美海狮可以吸引它们的“母亲”。

一次，在汹涌的海浪中，14 头单身汉雄南美海狮瞪着凶恶的眼睛，张开大嘴发出刺耳的叫声，爬上海滩偷偷地靠近生殖群，准备抢劫雌南美海狮。这时，生殖群的雄南美海狮却显出一副无所谓的样子，可能它们认为只要自己的眷属不受到危害，就不应该主动袭击对方。很快，这些单身汉雄南美海狮发动了攻击，此刻，每个生殖群中的雄南美海狮也联合起来，共同奋力迎战来犯者，它们的吼叫声压倒了海浪声，一场激烈的混战开始了。一些幼南美海狮被沉重的成年南美海狮压在底下。这些偷袭者的阴谋是企图把生殖群中的雄南美海狮赶出地盘，抢走没有受到保护的雌南美海狮。有的偷袭者拖起一头雌南美海狮扔向远处，有的偷袭者用嘴叼住雌南美海狮，免得它在混战中迷失。大约 10 分钟以后，这场混战结束了，生殖群中的雄南美海狮带着不完全的眷属重新又回到了原来的栖息地。

分布和数量

南美海狮的栖息地区，从巴西和秘鲁南部到马格伦海峡和福克兰群岛的沿海

矗立在阿根廷港口城市马德普拉塔的南美海狮雕像
图片作者：Erik Stattin

水域。19世纪30年代，福克兰群岛至少有30万头南美海狮，而今天却只有3万头。尽管近30年来，成千上万头的南美海狮被人类捕杀，但是美国纽约动物学会理事长威廉·康韦（William Conway）认为，这不是这里南美海狮数量锐减的主要原因，真正的原因至今无人知晓。

1917~1953年期间，由于美国用南美海狮脂肪作燃料的需要大大增加，致使阿根廷海岸的25万多头南美海狮遭到宰杀，这是美国经济力量损害其他地区野生动物的例子。

1984~1985年，加拿大和阿根廷生物学家在考察海岸鸟类中观察到，阿根廷丘布特省瓦尔迪斯半岛已不是南美海狮的最大集中地了。据1983年纳金诺巴塔哥尼可中心的科学家米撒·刘易斯研究，那里的南美海狮已不到1.5万头，这个数字恰好是1946年在阿根廷的一次开发海洋资源中，人们在一个月内所捕杀的南美海狮头数。1964年，纽约动物学会曾提请人们注意保护瓦尔迪斯半岛北端的蓬塔北区的南美海狮（这个地区康韦曾考察过），可是，今天康韦再度来到这里时，却发现这里的南美海狮已寥寥无几。

乌拉圭大约有3万头南美海狮，但是当地人们为了取得它们的皮，一直在捕杀成年的南美海狮。在智利，无论是幼小的或成年的南美海狮，它们都成为捕杀对象，前者被用来取皮，后者则作为王蟹的饵料。

我国偶见的海狗

相差5倍以上

海狗有一双大眼睛。

海狗也是一种海狮，又叫海熊、膃肭兽。雌雄海狗大小极为悬殊，海洋生物学家曾做过测量：雄性海狗体长约2.5米，体重约300千克；雌性海狗体长约1.5米，体重60多千克。两者体重相差约4倍。不久前，美国《国家地理》杂志还报道海狗的雌雄个头差异竟达5倍以上。这种差异，在整个海兽里也是罕见的。

海狗的身体呈纺锤形。头部圆，吻部短，眼睛较大，有小耳壳。四肢呈鳍状，适于在水中游泳。后肢在水中方向朝后，上陆后则可弯向前方，在陆地上用四肢缓慢而行。体被刚毛和绒毛，绒毛短而致密。刚出世的幼海狗身体黑色，到一岁变为黑棕色，两年后与成年海狗的体色一样，背部呈棕灰或黑棕色，腹部色浅。

“家乡观念”很强

从海狗的外貌来看，也多少有点像陆地上的狗和熊。根据考古学家和古生物学家的研究，最早的海狗是1 200万年前（海象鼎盛时期）在北太平洋内首先出现的。至今，海狗仍旧栖息在北太平洋，可见它的“家乡观念”极强。

海狗喜欢群居，并有洄游习性。冬春季节，向南洄游，遍布整个北太平洋海域。

我国北部沿海偶有发现；夏秋季节回到白令海中的一些岛屿上繁殖。

海狗平时栖居于大海中，但在生殖、换毛或休息时，就必须到陆地或冰上来。海狗特别喜欢吃乌贼，也食各种鱼类。它的胃口很大，每只海狗一天的食鱼量可达 20 多千克。

实行“一夫多妻”制

岸边的海狗群
图片作者：bries

海狗家族里实行“一夫多妻”制。每年一到春末夏初的生殖季节，它们都要返回原来的诞生地繁殖后代。一头雄海狗和若干头雌海狗组成了一个生殖群。

通常每个生殖群中，有雌海狗 15 头至 60 头，最多的可达 108 头。在整个生殖季节里，雄海狗都不下海，也不进食，每天交配多者可达 30 次，每次时间长的可达 15 分钟。它们就是依靠平时体内积累的脂肪来维持这一巨大消耗的。雄海狗身躯魁梧，其体内积累的能量足可使它们能够在连续 70 天内不吃食物和不饮水。雌海狗每胎产一仔。海狗的寿命约 25 年。

极端自私自利

海狗虽然喜欢群栖，但是在行动时仿佛旁若无人，显得拘谨而刻板。即使它们在活动时，也从来不关心同伴的利益。

一头海狗在海里捕食鱼或乌贼时，如果与另一头海狗邂逅，它会放弃即将到手的美餐，而去撕咬来者。在岛屿上，倘若与猎人不期而遇，一头海狗会用力把另一头海狗推出去，给猎人送上一份厚礼，以便自己乘机逃之夭夭。有的母海狗见到情况危急，常常会残忍地“丢仔保己”，用孩子的生命换取自己的安宁。

海狗这种极端自私自利的行为，在动物世界里可能是独一无二的。

新发现的潜水本领

正在晒太阳的海狗

全世界的海狗都称得上是第一流的“潜水员”，其潜水速度之快令人望尘莫及。一头体重仅 45 千克的海狗，在 5 分钟的时间内，可上下来回潜行 336 米！海狗越重，潜水速度越快，潜得也越深。海狗在不到 90 米的水深处便可以捕获大量鱼虾，饱餐终日。

我国已将海狗列为二级保护动物。

海中之象

海象与大象

海象与陆地上的大象虽然都是哺乳动物，但是两者在分类上相去甚远，前者属于鳍足目，后者是长鼻目动物。那么，为什么把这种海兽的名称也添上个“象”字呢？原来，海象与陆地上的大象在外貌上有点相似之处：海象的躯体也巨大而且形状丑陋，皮肤也像老橡树皮那样粗糙而多皱纹，眼睛细眯得似大象一般，特别是它的犬齿突出口外，更像大象的长长獠牙。可能就是这些原因，才叫它为“海象”。

海洋生物学家把这种海兽分为两个亚种：一个亚种叫太平洋海象，个头较

海象有两根长长的獠牙。

大，雄性体重可达2吨，还具有一对较重、较粗的长犬齿（也称獠牙）及一个宽阔的鼻口部；另一个亚种叫大西洋海象，个头、獠牙和鼻口部都比太平洋海象小。

万头海象群

美国与俄罗斯之间有一个著名的白令海。白令海的南部有一个高约300多米的大岩石岛。因为它的形状略成圆形，所以叫它圆岛。这个岛是海象的理想栖息场所，因而也成了海洋生物学家研究海象的天然观察室。

美国著名海洋生物学家莫里斯·吉姆和西迪，曾乘着一艘北极的考察船航行到圆岛，他俩离船上岛，偷偷地爬到最接近海象群的一个险峭的悬崖处，然后躲坐在北极的扇豆属植物和罂粟属植物丛中，默默无声地俯瞰下面奇妙的海象群色。

一群海象懒洋洋地在30米下的岩滩上随意偃卧。有的海象互相紧倚，有的海象则在其他海象身体的上面或下面，好像在开"秘密会议"，彼此交头接耳，乍一望去，犹如棕红色的兽肉堆一般。当阵阵海风吹过时，他们既可听到海象发出的那种难以形容的呼噜和怒吼声，又能闻出海象身上散发的那种令人难以忘却的腥气味。

这个海象群大极了，吉姆和西迪认真地估算一下，至少有一万头！它可能是人类见到的最大海象群。

既笨拙又灵敏

海象身躯剽悍，大的雄兽有4米多长，1.5～2.0吨重，一只獠牙可重达20千克。雌兽较小，但也有3米多长，600多千克重。

海象喜欢相互倚靠，聚集在一起。
图片作者：U.S.Fish and Wildlife Service Headquarters

海象过着两栖生活。在陆地上，它们显得十分笨拙，多半时间是懒睡和休息，有时用口中突出的一对长长的白色獠牙与身体后部的两只短鳍状肢协同行走，摇摇晃晃，十分滑稽可笑，故有"牙行动物"之称。

可是，海象一到海里，游潜灵敏，行动自如，好似另一种动物。它们可以不停顿地游泳，像软式小飞艇那样从容不迫地向前滑行，常常可游过近80千米的大海峡。它们的游速快捷，姿势万千，可以在锯齿状岩石附近的汹涛中安全地游来游去。它们能够潜入60米以上的海底：寻找自己喜欢吃的食物。

何来两种体色

海象体色的奇妙变化曾迷住海洋生物学家很长的时间，吉姆和西迪见到的海象群，往往是在1 000~10 000头之间。它们在陆地上懒卧一起，好似铺在岩石上的棕红色地毯一样，可是乘潜水艇在海洋里见到的海象却是灰白色的，显得非常可怕的样子。

这究竟是怎么一回事呢？原来海象的体表有一层大约6厘米厚的皮肤，当它在冰冷的白令海中浸泡一段时间后，动脉血管收缩，限制血液流动，因而使身体的颜色变成为灰白色。当海象到了陆地上，它的血管就膨胀，因而呈现出棕红的体色。

保护海象

海象是一种珍稀动物。

由于海象的经济价值很大，因而不少国家竞相猎捕，以致海象的数量锐减至今天的大约7万头，或许更少一些。再说，海象的强烈群居习性使得人类易于捕获；同时，如有同类受伤，它们必定要前去帮助，而不会因自身安全而离弃不顾，这样，捕猎的人便可整群加以射杀。

海象深受小朋友喜爱。
图片作者：Loadmaster

在1972年制定的《国际海洋哺乳动物保护条例》中，已把海象列为保护对象，禁止任意捕杀。

“美人鱼”的传说

传说种种

绚丽多彩、瞬息万变的海洋，是个神秘莫测的世界。然而，最令人神往的莫过于“美人鱼”或“人鱼”的传说了。

世界各国都有关于“美人鱼”或“人鱼”的神话传说。有的叫它“海妖”，有的称它“女河神”。

在很久以前，一条满载东方奇货的威尼斯商船，从印度向意大利返航。水手们离家多年，心中充满了思乡之情。一天，他们迎着落日的余晖，拥在甲板上眺望远处的海岛。突然，有人发现在远处港湾的浅水中，有一群既像人又像鱼的怪物，正在水中嬉戏。其中有一个袒胸露乳的“妇人”，半立在水中，正抱着一个“幼儿”喂奶。船上的人都轰动了。有人以为是看花了眼，便一再用手揉眼睛。正当大家渴望海船驶近现场，好看得更清楚一些的时候，所有的怪物一下子都消失了，那个“美人”也不翼而飞了。后来，海船返回故土，“人鱼”或“美人鱼”的传说，便在水手们的家乡流传开来。

我国古代也有这方面的传说。其中，最著名的有两处：一处是南朝的《述异记》中说，南海有鲛人，身为鱼形，能纺会织，哭时会掉泪；另一处是宋朝《徂异记》中的一段描述，宋太宗的时候，有一位叫查道的人，出使高丽（朝鲜），在海上航行途中，他见到一位妇女，“红裳双袒，髻鬟纷乱”，随波逐流，出没在水面。

世界上究竟有没有“美人鱼”或“人鱼”呢？在很长一段时间里，人们一直不得而知。

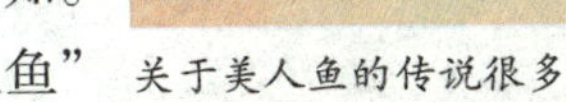
关于美人鱼的传说很多。

近几十年来，有关“美人鱼”或“人鱼”

的记载和传说也有不少，在我国就有好多起。例如，1931 年在台湾南部海岸大树房地方的沙滩上，人们在潮水退后，看到过一条 200 千克重的“美人鱼”。1957 年，一条渔船从长江口开往石人岛。忽然，从水中冒出一条“美人鱼”。它把身子趴在船舷上，嘴巴一张一翕，好像要跟人说话似的。后来，船上的渔民用火烧，才把它赶跑了。

直到今天，在有的动物学著作中，对海牛类动物还有这样的描述：“哺乳时，母兽用前肢拥抱着幼仔，头部和胸部露出水面，宛如人在水中游泳，故有‘美人鱼’或‘人鱼’之称。”

原来如此

虽然被称为“美人鱼”，但海牛的模样似乎不能用美丽来形容。

根据上海自然博物馆哺乳动物学研究人员的详细实地考察，海牛的喂奶姿势，并非像传说和有的动物学著作中所描述的那样，海牛喂奶时是水平地浮在水面上，身体略侧，鳍状肢斜向前伸，小海牛与母海牛斜成一个角度，嘴吸在母体乳头上吃奶，同时和母兽一起缓慢地游动着。每当母兽出水换气时，母兽会小心地使吃奶的仔兽的鼻孔露出水面，让它进行呼吸。

令人奇怪的是，海牛类动物明明是容貌不端的“丑八怪”，为什么要叫“美人鱼”或“人鱼”呢？这可能与这类动物的形态有关。因为它们的体形有点像鱼，加上母兽有两个乳房，跟人的拳头差不多大小，位于胸部鳍肢下方，与人的乳房位置相仿，喂奶时上身又稍稍侧斜在水面，所以有人夸大地猜测它上身显露出水外，用鳍肢抱仔竖立在水中喂奶。至于说这类动物如何如何美丽，这是出于海上航行的人们对它们不了解、没看清或有意渲染的缘故。

海中之牛

奇特的小家族

海兽中有一个小家族，现在生存的只有 4 种，它们长相虽然奇特，但是食习却与陆地上的牛非常相似，所以动物分类学家称其为海牛类。

这类动物天生一副丑陋的面孔，厚厚的上嘴唇上翘，仿佛戴着口罩，几乎挡去了大半个脸部；坍塌的鼻梁，大大的鼻孔，几乎把两只细小的眼睛“挤”到头顶上去了，嘴巴也被“挤”得朝后张着；在面部后下方，还有两枚不算大的獠牙，显得有点粗野；吻和颈都很短，没有耳壳，口的四周长着不少胡须。海牛类的流线型身体与鱼类相似，它的水平的鳍又与鱼有区别。它们的前肢呈桨状，称为鳍肢，后肢退化仅留痕迹，尾鳍扁平而宽大。

在这个小家族中，只有儒艮（也有人叫它南海牛）产在我国广东、广西、台湾等省区沿海。儒艮，这一别扭的名称，是由马来语直接音译而来的。儒艮是一种著名的珍奇海兽，在我国已被列为国家一级保护动物。除我国外，东南亚、澳大利亚以至非洲沿海等地也有儒艮。据说世界上最大的一头儒艮，体长超过 4 米，重量将近 1 吨呢！

海牛的吻和颈都很短。
图片作者：Alberto Scarani

另外 3 种海牛，生活在西印度群岛至墨西哥东岸间的美洲沿岸、加勒比海周围，以及从塞内加尔向南到安哥拉的非洲两岸，有些也生活在江河之中。它们的外貌虽和儒艮相似，但通常个子稍大，身体浑圆似桶，全身灰色，尾鳍外突像铲子（儒艮尾鳍呈新月形，后缘向内凹），只有 6 枚颈骨。

1854 年以前，栖息在堪察加沿岸和白令海的大海牛，是儒艮的亲属，体长可达10米，重约3 000千克，十分出名，可惜于19世纪被人们捕尽杀绝了。

为何叫它“海牛”

海牛吃饱后就静静地卧在海底。

海牛与陆地上的牛究竟有哪些相似之处呢？

首先，海牛也以植物为食。凡是水生植物，海牛基本上都能吃，而且食量很大，一头成年海牛每天大约要消耗45千克以上的水生植物。吃饱以后，它们就悄悄地潜入30～40米深的海底，像岩石那样待在那儿，除非有时露出水面进行呼吸。这与牛吃饱后卧地而睡的情况也颇为相似。

其次，牙齿和胃的构造与牛相似。海牛的牙齿宽阔而平坦，很适宜于咀嚼各种水生植物。它们的前臼齿因不断磨损而脱落，由后部新增生的臼齿不时向前推移填补缺失。所以海牛在一生中，能以这种奇妙的补失方式不断地长出60枚新牙。海牛的胃也与牛胃一样，分为4个室，适于充分消化和磨碎食物。

第三，海牛肉和牛肉味道相仿。

海牛与牛在食性等方面相似，但在进化上却关系疏远。从外表上来看，海牛和长鼻子大象简直毫无共同之处，但它们却是同宗“兄弟”。大约在一亿年之前，它们的祖先生活在陆地上，都用四只脚走路，由于气候的变化，可能还有缺少御敌能力方面的原因，才被迫彼此分道扬镳——一方留在陆地，另一方进入水中。

产仔与饲养

海牛没有一定的交配和产仔季节。

海牛的繁殖率很低，平均每3年才产一仔，而且怀孕期长达400天左右。刚出世的小海牛有1米多长，30多千克重，尾巴向前卷曲，游泳能力较差，所以母海牛常把它驮在自己的背脊上，以利于浮出水面进行呼吸。小海牛出生几个月就能吃草，但独立生活能力差，一直依傍在妈妈的身旁达几年之久。有人推测，海牛的寿命可达30年。

海牛行动缓慢、性情平静，看上去似乎整日昏昏沉沉。它们游泳缓慢，每小时只能游 3.7 千米左右，就是在逃跑时也不过每小时 9 千米多一点，因而从不远离沿岸到大洋深海中去，而是终日沐浴于浅海、河口之中。

母海牛与幼崽
图片作者：Nick Hobgood

根据海牛类的特性，上海动物园曾在广西近海处捕获了 4 头南海牛，饲养在海边一个池塘里，内放适量的盐。可是，当人们用海草喂养这些“新来客”的时候，2 头幼年的海牛和一头成年雄海牛却拒食不吃，最后饿死了。经兽医解剖发现，这 3 头海牛的胃里都有大量蛔虫。另一头成年雌海牛，捕获后 8 天开始吃海草，一昼夜可吃 40 千克。可惜好景不长，它只在池塘中活了 56 天就死了。原来由于水质污浊，侵蚀肌体，海牛的皮肤发生了弥漫性溃疡。

水中除草能手

海牛称得上是“除草能手”。
图片作者：Julien Willem

人们发现海牛对水生杂草可进行生物防治。例如，非洲的扎伊尔国，为了清理刚果河中的水生植物，花去 100 万美元，但仅两个星期，杂草又成倍地滋生；如果利用化学除草剂，将会引起水质污染，对日常用水也会产生影响。最后，这个国家把两头中等大小的海牛放养在刚果河中，经过 17 个星期，就把 1 500 米长、7 米宽的水草丛生的水道清除干净。海牛不仅食量大，而且吃草很有规则，只要是它们所经之处，水中植物都被清除得一干二净，因而，有人称海牛为“水中除草能手”。

最小的海兽——海獭

肉食兽中的唯一“海员”

海獭的头很小。
图片作者：“Mike”Michael L.Baird

在哺乳动物中，肉食兽是十分引人注目的，因为狮、虎、豹、熊和大猫熊等著名动物都属于这一类。目前尚有不少人认为，所有肉食兽都生活在陆地上。其实生活在海洋里的海獭也属于肉食兽。人们之所以有这一误解，可能有三个原因：一是海獭仅产于阿拉斯加、堪察加、千岛群岛沿岸，为人陌生；二是有些人把海獭与水獭混为一谈，误认为它们是同一种生物；三是海獭为肉食兽中栖息于海中的唯一成员，往往容易被人忽视。

一般来说，海兽都是大个子，而海獭算是最小的了。雄海獭体长仅1.47米左右，体重仅45千克上下；雌海獭更小，体长约1.39米，体重约33千克。海獭的尾巴较长，有30～40厘米，占体长1/4左右。它的头很小，躯体肥胖呈圆筒形，前肢短而裸露，后肢长而扁平，趾间有蹼，呈鳍状，适于游泳和潜水。

海獭与水獭、黄鼠狼虽然各自生活在不同的环境里，但是它们却是近亲，在动物分类上同属于肉食兽中的鼬类。

算它海兽的原因

海獭主要生活在海中，仅在休息和生育时上陆。根据美国和苏联的海洋生物学家考察，海獭性喜结群，常常以数十上百只一起戏游于海面，熙熙攘攘，热闹非凡。特别在明月当空的夜间，它们的欢乐声可以传送到100米之外。它们发出的声音异常美妙：有的像“喂！喂！”的打招呼声，有的似“噢科！噢科！”的嚎叫声，有的则是“唉！唉！”的叹息声……科学家在白天循声观察，海獭还做出各种优美动作：有的快速向前游着，头部露出海面，两条鳍状后肢激烈划动，桨形的扁平长尾像蛇一样摇来摆去，荡起了涟漪；有的悠悠地在水面仰游，或者前肢搭在胸前，甚至四肢朝天，只用尾巴在水中徐徐摆动；有的干脆将尾巴高高竖起，宛如海面上漂浮着的海岛；有的则纵身一跳，来一个后滚翻扎到水下……海獭群戏游大海的欢腾雀跃场面，令目睹者无不赞叹：“优美！优美！优美！”

海獭常常悠闲地在水面仰游。
图片作者：“Mike”Michael L.Baird

虽然海獭在水里活动那么自如，但它们的游泳速度并不快。据测定：每小时游速最多不超过 10.6 千米；潜水时，最深到 100 米，最长时间为 20 ~ 30 分钟。海獭上岸以后，显得非常笨拙，行走起来摇摇晃晃，活像个醉汉。当它们用后肢站立时，必须再以尾巴支撑，好像三脚香炉，否则会东倒西歪，跌倒在地。

海獭的睡觉十分有趣。夜幕降临，有时海獭虽也爬上岸来，在岩石上睡觉，但大多数时间却寝于海面。它们寻找海藻丛生的地方，先是连连打滚，将海藻缠绕在身上，或者用肢抓住海藻，然后就枕浪而睡，这样可避免在沉睡中被大浪冲走和沉入海底。

海獭有一个奇怪的生理现象，就是经常全身发痒，特别是头、腕、腹和肢发痒，加上海藻中各种寄生虫甚多，常会使它们痒得难以忍受，所以睡了一会儿便钻出或摆脱海藻，激烈地搔挠一阵，然后再回去昏昏大睡。

海獭睡觉时，如果受到惊扰或敌害来犯，大多数成员便立即潜水出逃，但也常有少数成员留下来，彼此拉开间距，时而潜水，时而出水窥望，到处乱蹦乱跳，以探明引起骚动的原因。一旦发现确有危险时，就用尾巴“噼啪噼啪”地猛击水面，以此作为报警信号，通知其他成员赶快潜逃。

早在 19 世纪时，一些海獭观察家就已经发现这种动物的嗅觉特别灵敏，能够嗅到相距 8 千米以外人吸烟的气味。人们在海滨上走过以后，如果不经几次潮水把人留下的气味冲刷掉，它就不会上岸。这种灵敏的嗅觉，对动物本身大有好处，可以及早发觉敌害。

为何酷爱“梳妆打扮”

海洋生物学家在观察海獭时，发现了一个有趣的现象：海獭特别喜欢“梳洗打扮”——饱食后或休息前总要花上相当多的时间去梳理、擦干身上毛皮；进餐时，常把胸腹部当成“餐桌”使用，每顿饭后更是要彻底清洗。海獭除觅食和睡觉以外，梳理毛皮已成为它重要的日常活动内容了。有人还做过计算：在自然环境里，因觅食花时太多，海獭每天从事“梳洗打扮”活动的时间仅占11%；在人工饲养中，因食物可以坐享其成，所以海獭有48%的时间用来“梳洗打扮”。

那么，海獭为什么酷爱“梳洗打扮”呢？海洋生物学家经过探索，才知这种海兽不是为了漂亮，而是为了更好地保温。海獭生活在寒冷地区，海水的温度总是低于海兽的体温，而且海水传热又快，约比空气快4倍。生活在这种环境里的海獭，怎样保持体温，不使热量在海水中逸散，这是一个生死存亡的大问题。

在海兽中，除了海獭以外，其他动物的皮下脂肪都较厚，如鲸类的皮下脂肪层可达十几甚至几十厘米厚，海豹的皮下脂肪重量可占体重的37.6%，但海獭的皮下脂肪层却很薄，其重量仅占体重的1.8%。海獭与鲸、海豹相比，它的皮下脂肪量是微不足道的，起不到什么绝缘保温作用。显然，海獭保温不能只靠皮下脂肪层，主要靠其他方法。

海獭具有一层厚密的体毛，将身体连头带脚裹得严严实实，仿佛穿上一套厚厚的毛皮服装，既避风又御寒。据测定，海獭背中部的毛，平均密度每平方厘米为12.5万根，居所有哺乳动物之首。

海獭厚厚的体毛使得它在岸上看起来比在水中体型大了不少。

海獭的体毛固然厚密，但还需要“加工”才能达到更好的保温作用。海獭的皮脂腺十分发达，在梳洗毛皮时，一方面给体毛涂抹上一层防水物质——油脂，另一方面促进了毛皮的机械运动，增加了皮脂腺的分泌，加强了毛皮的绝缘作用。这样一来，海獭虽然沐浴于大海，但它的毛皮上却滴水不沾。如果海獭没有梳洗毛皮促进皮脂腺分泌之功，它的体毛就会蓬乱如麻，或被沾污，这样就会减低或失去绝缘性能和保温作用，在海水中很快逸散体热，导致冻死，这就是海獭经常“梳洗打扮”的原因所在。

早在 260 多年前，人们已经发现海獭的毛皮是御寒保暖的珍品，于是纷纷云集到海獭产地进行大量捕猎。在阿拉斯加，据说当时有的俄国人一次就捕获到上万头海獭，取皮去肉，高价出售，牟取暴利。原来在堪察加等岛屿上生活着大约 72 万头海獭，可是到了 1911 年时，只剩下了不足 1 000 头，后经保护，数量才稍有回升。

巧用工具取食

类人猿是最高等动物，其中黑猩猩能使用工具取食，这是众所周知的。而海兽中的海獭巧用工具取食的技能，并不亚于黑猩猩，说明这种动物的智商也很高。

海獭主要以海胆、软体动物（如贝类）和鱼类为食，偶尔也吃海藻芽。在食物不足的时候，出于饥饿，有时还会吃漂浮的动物尸体。据海洋生物学家长期观察，海獭嗜食硬壳动物，如海胆、贻贝、蛤子等。这些动物都具有坚硬的厚厚外壳，那么，海獭是怎样破壳吃肉的呢？

聪明的海獭从海里抓到海胆或贻贝或其他硬壳软体动物以后，先把它们挟藏在两个前肢下面的皮囊中，然后游到水面仰游，再将从海底捡来的、约有人的拳头那么大的石头放在胸部上作砧，用粗短的前肢挟住这些硬壳动物往石头上撞击，击几次后看一下外壳是否碎裂，若不碎裂，则继续用力撞击，直到壳裂肉露为止。最后，海獭将砸碎壳的硬壳动物放进口中，吃肉吐壳。

海獭抓住了一只海胆。
图片作者：matt knoth from San Francisco, yesicannibus

为了节省取食时间，有时一头海獭在皮囊中可取出 25 只海胆，待全部吃完后，再携带着石头潜入水底捕食。有人统计，一头海獭在一个半小时内，可以从海底捕获 54 个贻贝，在石头上撞击 2 237 次，还发现它用的都是同一块石头。饱食之后，海獭常常把这一取食工具——石头及吃剩的食物藏在皮囊内，即使海浪冲击也不会失落，以备再用。